难走的路从不拥挤

张林——著

U0913064

中国商业出版社

图书在版编目（CIP）数据

难走的路　从不拥挤 / 张林著. -- 北京 : 中国商业出版社, 2025. 3. -- ISBN 978-7-5208-3314-1

Ⅰ. B848.4-49

中国国家版本馆 CIP 数据核字第 2025WQ1241 号

责任编辑：郑　静
策划编辑：刘万庆

中国商业出版社出版发行
（www.zgsycb.com　100053　北京广安门内报国寺 1 号）
总编室：010-63180647　　编辑室：010-83118925
发行部：010-83120835/8286
新华书店经销
三河市金泰源印务有限公司印刷
*
880 毫米 ×1230 毫米　32 开　7 印张　140 千字
2025 年 3 月第 1 版　2025 年 3 月第 1 次印刷
定价：49.80 元
* * * *
（如有印装质量问题可更换）

前　言

在这个日新月异的时代，我们身处于一个机遇与挑战并存的复杂环境之中。科技的飞速发展、信息的爆炸式增长，既为我们打开了无限可能的大门，也悄然织就了一张名为“内卷”的网。在这张网中，人们似乎总在不停地奔跑，却始终难以实现心中那份真正的满足与安宁。

“内卷”，一个近年来频繁出现在公众视野中的词语，不仅是对职场竞争激烈的描述，更是对一种社会现象的深刻洞察。在这个时代，我们不难发现，无论是教育、职场还是生活领域，都弥漫着一种无形的压力——为了争夺有限的资源，人们不得不投入更多的时间与精力，却往往只能获得微薄的回报。这种“努力——收益”比例的失衡，让许多人感到疲惫不堪，甚至开始怀疑努力的价值。

在此背景下，本书应运而生，旨在引领我们走出“内卷”的迷雾，探索出一条通往自我成长与心灵自由的康庄大道。

书中提出了一个令人振聋发聩的观点：真正的成长，往往隐藏在那些看似艰难、不被大多数人选择的道路上。这些路，或许荆棘密布，或许孤独漫长，但它们却能引领我们走向更加广阔的天地，让我们在挑战中磨砺意志，在困境中发现自我。

书中认为，避免“内卷”的关键，在于转变思维方式，从盲目追求外在的成功标准，转向关注内心的成长与满足。它鼓励我们勇敢地走出舒适区，去探索未知，去尝试那些看似不可能完成的事情。因为，正是这些经历，丰富了我们的灵魂，让我们在人生的旅途中，拥有了更加坚韧不拔的力量。

本书还通过一系列生动的故事和深刻的见解，向我们展示了如何在挑战中寻找价值，如何在逆境中实现自我超越。它告诉我们，真正的成长，不是从与他人的比较中获得优越感，而是在不断突破自我限制的过程中，感受到那份由内而外的喜悦与满足。

书中还着重阐述了自我反思与自我认知的重要性。只有当我们能够清晰地认识自己，了解自己的优点与不足，才能更加精准地定位自己的方向，避免在盲目跟风中迷失自我。同时，通过持续的自我反思，我们能够不断调整自己的心态与行为，以更加积极、乐观的态度面对生活中的每一个挑战。

在这个充满变数的时代，本书不仅是一本关于成长的书，更是一份心灵的指南。它提醒我们，无论外界环境如何变化，只要我们保持内心的坚定与勇气，勇于探索未知，敢于挑战自我，就一定能够走出“内卷”的困境，迎来属于自己的光明未来。

让我们携手并进，在这条难走却充满希望的道路上，不断前行。因为，只有那些敢于走难走之路的人，才能最终抵达心灵的彼岸，收获那份属于自己的宁静与幸福。

目录

第四章　勇者的旅途：难走的路上风景独好

第五章　格局与视野：站在山顶看风景，站在高处看世界

第六章　勇气与决心：奔赴一场艰难的远征

第七章　目标与方向：拒绝随波逐流的智者策略

第八章　挑战与突破：实现从思想到行动的跨越

第九章　坚持与韧性：把难走的路走得更稳更远

第十章　遇见更好的自己，拥抱更大的世界

第一章

『内卷』的本质：警惕非理性的竞争陷阱

当今社会，一条看似光明的道路往往会因蜂拥而上的行者而变得拥挤不堪。“众行之径：好走的路上人满为患”这一现象正是“内卷”的生动写照，我们不得不直面这个问题：很多人都陷入了一个充满非理性竞争与深刻焦虑的旋涡中。

本章深入剖析了“内卷”的本质，揭示了那些看似合理实则扭曲的竞争机制是如何悄然将我们拖入无休止的内耗之中。同时，深入阐述了如何通过自我审视，反思自己是否已在不觉间深陷“内卷”泥潭；还深入探讨了如何打破这无尽的内耗循环，重寻个人价值与成长的新路径。

众行之径：好走的路上人满为患

在当今现实社会中，多数人都选择了安逸的捷径，而真正勇于攀登者却寥寥无几。我们常常被那些看似平坦的道路吸引，以为那是通往成功的捷径。然而，当真正踏上“众行之径”时，我们才会发现，原来好走的路上早已人满为患，每一步都需与无数同行者竞争，那份看似悠然自得与安逸舒适的背后，实则蕴含着鲜为人知的努力与重重挑战。

在众人趋之若鹜的好走之路上，真正到达彼岸的却是少数。那些被遗忘的角落，那些只有少数人走过的荆棘小径，往往隐藏着通往成功的秘诀。我们唯有敢于走出舒适区，勇于面对挑战，才能避开人群的喧嚣，独自领略成功之巅的壮丽风光。

众行之径，是捷径还是困境？

在日常乘坐地铁或高铁时，我们总会频繁地目睹一个引人深思的现象：电梯前人头攒动，而旁边的步行楼梯上则显得冷清许多。尽管电梯上常常拥挤不堪，但多数人仍倾向于这一选择，拼命地往上挤，仅有少数人选择步行上楼梯。

这种现象不禁让我们深思，其背后究竟是何种原因驱使人们做出这样的选择？

在面对选择时，人们往往容易随波逐流，选择众行之径，而非独立思考与抉择。因为众行之径清晰可见，有前人的足迹可循，仿佛只要跟随，就能轻松抵达彼岸。

但正是这份“清晰”与“可循”，让这条路上会聚了太多的竞争者。我们或怀揣同样的梦想，或追求相似的目标，彼此间的竞争变得异常激烈。在这条路上，我们每前进一步都需付出比常人更多的努力，因为我们要超越的不仅仅是自己，还有那些同样渴望成功的同行者。这种现象，我们从创业领域中就可见一斑。

在一个繁华的都市中，有一条“创新大道”，大道两旁布满了初创企业和小型工作室，这些地方虽然设施简陋，但却弥漫着创意与激情。创业者们在这里夜以继日地工作，梦想着通过自己的努力，在这条宽阔的大道上开辟出一片新天地。

随着时间的推移，创新大道上的成功故事逐渐传开，吸引了越来越多的投资者和创业者。他们被这里曾经的辉煌吸引，渴望复制那些成功的案例。于是，资金如潮水般涌入，高楼大厦拔地而起，各种基础配套设施一应俱全，创新大道逐渐演变成了一条“光鲜亮丽”的商业街。

如今，这条宽阔的大道已经人满为患，问题也随之而来。高昂的租金让许多初创企业望而却步，他们无法承担如此沉重的经济压力，只能被迫迁往更偏远、成本更低的地方，或是直接放弃创业梦想。而那些刚站稳脚跟的企业，也面临着竞争激烈、资源有限和产品同质化的困境，创新变得越发艰难。

在这个背景下，有一位年轻的创业者，做出了一个大胆的决定——离开这条看似“宽阔好走”的路，选择一条少有人走的小巷，那里租金低廉，环境虽简陋却充满了自由与灵感。最终，他独辟蹊径，凭借着对市场的敏锐洞察和不懈努力，开发出了一款独特的产品，并迅速获得了市场的认可，这条小巷也与喧嚣的创新大道形成了鲜明对比。

从这个故事中，我们看到了创新大道背后的隐忧，也窥见了成功的真谛。在那些好走的路上，竞争异常激烈，资源十分有限，人们为了争夺一席之地，不惜付出一切代价。当很多人都挤在同一条赛道上，我们不仅面临着巨大的竞争压力，还可能失去自己的独特性和创新精神。

面对日益严峻的竞争环境，我们不能盲目地追逐风口，也不能让自己困在拥挤的赛道中“内卷”。正如那句“好走的路上人满为患”的话，只有敢于独辟蹊径，才能在激烈的竞争中脱颖而出，实现自己的价值。

真正的成功往往不在于跟随大众的脚步，而在于勇于探索未知，敢于走出舒适区，去选择真正适合自己的那一条路。当我们选择了一条符合自身情况、能够激发内在潜能的道路时，即使路途遥远且充满艰辛，我们也能够保持内心的平静与坚定，因为每一步都在朝着自己向往的方向迈进。

在这个世界上，大多数人都会选择安逸和稳定，这是人之常情。但历史和现实不断证明，那些敢于挑战未知、勇于探索新路的人，虽然起初步履艰难，但最终却能够拥抱不一样的风景。就像哥伦布发现新大陆，牛顿揭开自然规律的神秘面纱，他们都曾走在人烟稀少的艰辛之路上，却取得了开天辟地的成就。

当然，这并不意味着我们要刻意去选择困难的路，而是提醒我们在面对人生的选择时，不要被表象的安逸迷惑，而应深入思考自己的兴趣、能力以及长远目标。有时候，那些难走的小径，恰恰能够引领我们达到梦想的巅峰。

独辟蹊径，在探索中成就非凡自我

在现实社会中，无数个体会聚于那些被星辰照亮的平坦大道上，竞相追逐那扇成功之门。然而，这条道路却是一个隐形的战场，充满了“内卷”的硝烟和不安的躁动。这是一条好走的路，却也是一条拥挤异常、难以脱颖而出的路。

在现实中，我们常常被那些光鲜亮丽的例子吸引，无数的资源和注意力自然而然地集中于这些耀眼的焦点上，形成了所谓的“热门”路径。人们蜂拥而至，试图沿着这样的路线去寻求自己的一片天地。

但在这股浪潮中，每个人都很容易变成一个无足轻重的追随者，而不是一个引领潮流的探索者。比如，在商业领域，一见他人因某行业致富便蜂拥而至；在教育选择上，盲目追求热门专业，忽视个人兴趣与优势，未料及竞争白热化后的困境。

我们必须认识到，大众追捧的并不一定适合每一个人。那些被忽视的旁支小路，或许才是我们真正的归处。它们或许布满荆棘，或许充满孤独，但正是这些挑战，造就了独一无二的历练和成长。我们只有勇于探索属于自己的道路，才能真正触及内心深处的梦想，在广阔的世界里找到自己的位置。

我们要有理性的选择与判断。我们要警惕那些容易的道路，它们可能会让我们陷入一个拥挤且竞争激烈的困境中。当太多的人选择同一条路，不可避免的便是资源摊薄、竞争激化，从而导致每个人为了争抢优势资源而挤得头破血流。

我们要有独辟蹊径的勇气。反观那些少有人迹的道路，尽管困难重重，却也能让我们收获别样的风景和经验，赋予我们独到的见解和无畏的勇气。这些路或许崎岖不平，充满未知与挑战，但正是这些未知，孕育着无限可能。

我们要勇于跳出舒适区。人生路漫漫，选错方向的代价十分沉重，时间与经济成本高昂，普通人难以承受。因此，我们应勇于跳出舒适区，拒绝盲目跟风与随波逐流，根据自己的兴趣、能力与长远规划，探索并坚持那条虽不易却适合自己的道路。即使前路漫漫，我们也要相信自己的选择，因为成功往往属于那些敢于走新路、勇于面对困难的人。

众行之径，虽好走却人满为患；另辟蹊径，虽艰难却充满机遇。在人生的旅途中，我们不必盲目追随他人的脚步，更不必因害怕孤独而选择拥挤的路。我们要相信，每个人的生命都是独一无二的，只有找到属于自己的道路，并坚定不移地走下去，才能活出真正的自我，收获属于自己的成功与幸福。

“内卷”之困：充斥竞争与焦虑的旋涡

在这个时代，社会的每一个角落都似乎被一股无形的力量牵引。这股力量，就像一场悄无声息的风暴，席卷了教育、职场，乃至生活的方方面面，将我们卷入了一个充满竞争与焦虑的旋涡之中。

“内卷”的本质，在于对非理性竞争的盲目崇拜。而想要走出这个陷阱，我们需要返璞归真，找到自己与众不同的价值和定位，敢于走自己的路，不畏惧挫折和困难，这样我们才有可能到达一个崭新而开阔的境界，实现自己的梦想与追求。

深陷旋涡，直面“内卷”之痛

如今，“内卷”一词如同一股不可阻挡的暗流，悄然渗透进社会的每一个角落。它不仅仅是一个社会经济学概念，更成为现代人生活状态的真实写照。

所谓“内卷”，是指在有限的资源下，个体之间为了争夺更多资源而展开的过度竞争，导致整体效益并未显著提升，反而加剧了个人压力与焦虑。这种竞争，往往忽视了多元化发展的可能性，将成功的标准单一化、狭隘化，进而催生出一系列非理性的行为模式。

在非理性竞争下，人们不得不投入更多时间和精力，进行无休止的竞争与自我压榨。教育、职场…… 每一个领域都似乎被这股力量紧紧缠绕，让人在无尽的焦虑与疲惫中挣扎。

教育本是培育未来、启迪智慧的殿堂，如今却成了“内卷”现象最为显著的领域之一。在“赢在起跑线”这一观念的驱使下，孩子们从幼儿园就背负起了沉重的学业负担，书包越来越重，睡眠时间越来越少，每个人都在为争夺那有限的优质教育资源而奋力拼搏。家长们的焦虑情绪相互传染，他们害怕自己的孩子一旦稍有松懈，就会在这场残酷的竞赛中被淘汰出局。于是，补习班、兴趣班、特长班…… 各式各样的培训班接踵而至，孩子们的周末和假期被填得满满当当，本该属于童年的快乐与自由被无休止的学习取代。

职场亦是如此，加班文化盛行，技能迭代加速，每个人在努力提升自己的同时，也无形中加剧了竞争压力。为了在职场中保持竞争力，人们不得不投入更多的时间和精力在工作上，加班成了常态，“996”“007”等高强度工作模式在某些企业受到了推崇。然而，这种无休止的工作状态不仅严重损害了人们的身心健康，还加剧了职场内部的紧张氛围。大家似乎都在拼命奔跑，却忘了为何要奔跑，更不知这样是否能够带来真正的成功与幸福。这种白热化的竞争，常常让人难以喘息。

“内卷”不仅消耗了个人的时间和精力，还加剧了社会的焦虑情绪。我们担心被同龄人超越、害怕失去工作机会、忧虑未来的不确定性，因而频繁地陷入与他人的比较之中，不断追逐更高的目标，却往往忽视了内心深处的真实渴望与情感体验。焦虑、疲惫、孤独……这些负面情绪像是一张无形的网，将我们紧紧束缚，让我们感到疲惫不堪，甚至出现职业倦怠和心理健康问题。我们渴望逃离这个旋涡，却又不知道出路在何方。

在“内卷”的大潮中，社会风气变得越来越浮躁，急功近利成为常态，长期规划与深度思考变得奢侈，创新力急剧下降。在这样的环境下，人们即便是暂时取得了所谓的“成功”，其背后也往往隐藏着巨大的代价——对健康的透支、对家庭的忽视、对自我价值的迷茫。

面对“内卷”之困，我们或许会感到无助与迷茫。但请记住，每个人都有能力改变自己的命运。我们不需要盲目跟随他人的脚步，更不需要在无尽的竞争中迷失自我。我们需要做的是勇敢地站出来，直面“内卷”的挑战，寻找属于自己的破局之道。只有这样，我们才能在这个充满变数的时代中，找到属于自己的位置，活出真正的自我。

如何避免陷入“内卷”的旋涡？

在当今这个竞争激烈、变幻莫测的社会中，“内卷”现象日益凸显，它像一股强大的旋涡，将我们卷入无休止的竞争与焦虑之中，让人难以自拔。那么，我们如何才能让自己避免陷入“内卷”的旋涡呢？

第一，培养批判性思维，不盲目跟风。

批判性思维是避免“内卷”的第一道防线。它要求我们在面对各种信息和观点时，能够保持理性、客观的态度，不轻易被外界舆论左右。通过深入分析、逻辑推理和证据评估，我们能够形成自己独立的见解和判断，从而避免盲目跟风、陷入无意义的竞争之中。

批判性思维，能够使我们更有效地反思自身行为，发现问题的根源，并找到更合理的解决方案。在快速变化的社会中，只有不断适应变化、勇于创新的人，才能保持领先地位，避免被“内卷”吞噬。

第二，寻找个人价值，明确自己的兴趣所在。

每个人都有自己独特的兴趣、才能和潜力。寻找个人价值，要先深入了解自己，明确自己的优势和不足。通过自我探索、心理测试、职业咨询等方式，我们可以更清晰地认识自己，找到真正适合自己的发展方向。

我们明确了自己的兴趣所在后，就要勇敢地追求它。热爱是推动我们不断前进的动力。当我们投身于自己热爱的事业中时，不仅会感到充实和满足，还会不断激发自身的潜能和创造力。只有这样，我们才能持续保持竞争力，避免在“内卷”的旋涡中停滞不前。

第三，寻找差异化，培养创新能力。

在探索个人路径的过程中，创新与差异化是不可或缺的关键能力。当大多数人都在同一条路上奔波时，敢于跳出框架、另辟蹊径的人，往往能发现新的机遇与可能。

无论是技术创新、商业模式创新，还是思维方式创新，都能让我们在激烈的竞争中脱颖而出，成为引领潮流的先行者。同时，保持差异化也是避免陷入同质化竞争的有效手段，能让我们在各自的领域内独树一帜，赢得更多的关注与机会。

第四，建立长期视角，获得持续成长。

身处竞争激烈的环境中，不少人将目光聚焦于即时的利益与成就，却未能充分考虑到长远的成长与发展。然而，真正的成功往往来自长期的积累和努力。因此，我们需要建立长期视角，关注自己的长期目标和愿景，制订切实可行的计划并坚持不懈地执行下去。

同时，我们还应学会在即时收益与长远目标之间寻求平衡，并做出明智的选择与取舍。有时候，为了实现长期目标，我们可能需要放弃一些眼前的利益或机会。这种取舍虽然艰难，但却是成长和成功的必经之路。

在这场充斥着竞争与焦虑的旋涡中，我们每个人都可以选择成为一股清流，用我们的智慧和勇气，去创造一个不过度“内卷”的世界。成功不仅仅是超越他人，更是超越过去的自己，活出真正的自我。让我们一起摆脱“内卷”的困境，找到属于自己的道路，勇敢地走向更加宽广的未来。

自我审视：我们是否已深陷“内卷”泥潭

在这个快节奏的时代，社会竞争日趋白热化，“内卷”一词频繁成为公众讨论的话题。它描述了一个现象，即人们在某一领域或行业内，为了获得有限的资源和机会，不断地增加投入，但整体效益并没有显著提升，反而造成了个体的过度竞争和消耗。

设想一下，每天清晨，我们被闹钟声唤醒，开始了一天的忙碌。在办公室里，我们与同事为了一个项目名额、一次晋升机会而暗暗较劲，加班加点成了常态。晚上回到家，打开手机，社交媒体上充斥着各种成功人士的炫耀和他人生活的光鲜亮丽。这种无处不在的竞争压力，正是“内卷”现象的缩影。

在这种极度焦虑中，我们不禁要问自己：是否已深陷“内卷”泥潭？又该如何摆脱这种困境？

识别“内卷”的迹象

在这个高速运转的社会中，每个人都在为实现自己的梦想而不懈努力。然而，随着竞争的加剧，越来越多的人发现，尽管自己付出了巨大的努力，但似乎总是难以突破现有的瓶颈，甚至感觉自己在原地踏步，这种现象被人们形象地称为“内卷”。

“内卷”的迹象往往不易察觉，因为它们被日常的忙碌掩盖。但是，通过以下几个问题，我们可以进行深入的自我审视。

•我们是否经常加班到深夜，却发现工作成果并不比同事更出色？

•我们的业余时间是否几乎都被工作或学习占据，很少有时间进行休闲活动？

•我们是否在不断地追求更高的学历、更多的证书，却不清楚这些是否能真正提升自己的职业竞争力？

•我们是否感到焦虑和压力，因为我们担心不努力就会被淘汰？

•我们是否发现自己的生活质量并没有因为努力而提高，反而感到身心疲惫？

如果我们对这些问题的回答大多是肯定的，那么就很可能已经陷入了“内卷”的泥潭。在当今快节奏的工作环境中，很多人每天都在不停地忙碌着，从早到晚几乎没有喘息的机会。

但是，每当夜幕降临，回顾一天的工作时，我们却很难找到真正有价值、有成就感的成果。这种感觉就像是在沙滩上画画，无论多么用心，最终都会被潮水冲刷得一干二净。

“内卷”，是一种低效率的恶性竞争。它常常会让我们陷入三种困境中。

一是无效率的竞争。虽然我们投入了更多的时间和精力，但得到的回报并不成正比。这种无休止的攀比和竞争，不仅没有提高个人和组织的效率，反而导致了资源的浪费和个体的过度消耗。

二是同质化的比较。在“内卷”的环境下，我们往往忽视了自己的个性和特点，而是一味地模仿他人，试图通过和别人一样的路径来获得认可和成功。这种比较和竞争，使得人们难以发现自己的真正价值和潜力。

三是焦虑与疲惫并存。“内卷”不仅消耗了我们的体力，更严重的是它带来了极大的心理压力。许多人即使在休息的时候也难以放松下来，脑海中总是在反复思考如何才能做得更好、更快，以至于连周末都变成了另一种形式的工作时间。

面对“内卷”之困，我们不得不深思背后的原因：为什么我们会深陷“内卷”的泥潭中无法自拔？

首先，社会施加的压力。社会对于成功的定义往往非常狭隘，通常只看重金钱、地位等外在标志。这样的价值观无形中给每个人施加了巨大的压力，让人们不得不去追求那些看似光鲜亮丽但实际上并不一定适合自己的东西。

其次，群体施加的压力。人们常会受到周遭环境的影响，特别是来自同事与朋友的压力与影响。当大家都在拼命工作时，即使自己并不愿意，也很容易被卷入其中，因为害怕被别人超越或是担心自己的表现不尽如人意。

最后，个人缺乏清晰的目标和计划。这是导致“内卷”的一个重要原因。没有明确的目标，我们缺乏方向感与目的性，就容易盲目跟风，随波逐流，最终陷入无效的努力之中。这不仅仅是对个体独特性和创造力的削弱，更是资源与时间的极大浪费。在缺乏明确规划的情况下，我们就会不断在重复劳动和无效竞争中打转，难以积累真正有价值的经验和技能。这种无效的努力，不仅无法带来预期的成果与满足感，反而可能加剧内心的焦虑与疲惫，形成恶性循环。

“内卷”作为一种社会现象，反映了现代社会竞争的激烈和资源的有限。但是作为个体，我们不应该被“内卷”困住，而是应该学会识别“内卷”的迹象，采取有效的措施来应对和摆脱“内卷”困境，找到属于自己的成功之路。

反思与调整：跳出“内卷”的陷阱

“内卷”不是无法逃脱的命运。通过有效的反思与调整，我们可以走出“内卷”的泥潭，走向一个更加健康、平衡和成功的未来。

真正的成功不仅仅是超越他人，更是超越过去的自己。在这个过程中，我们需要重新定义成功，进行自我反思，制订行动计划，并勇于尝试新事物。这样，我们才能在“内卷”的社会中保持自己的独特性，实现真正的自我成长和成功。

第一，重新定义成功，理解成功的真谛。

摆脱“内卷”的第一步，是重新审视并定义自己的成功标准。真正的成功不应仅仅局限于外界的认可或物质的积累，而应包括内心的平和、自我价值的实现以及对他人的贡献。我们要设定符合自身情况的目标，关注个人成长与幸福感的提升。

第二，进行自我反思，探究问题的根源。

我们要对自我价值进行准确认知。很多人之所以会陷入“内卷”的怪圈，是因为对自己的价值认知不足。建立正确的自我认知，了解自己的优点和不足，可以帮助我们更好地定位自己在社会中的角色。

我们还要对个人价值观与目标进行重新评估。每个人都有自己的人生目标和价值观，但很多时候这些目标和价值观可能会在不知不觉中被外界因素影响。因此，首先要做的就是花时间重新审视自己的人生目标，思考它们是否真的符合自己的内心需求。

第三，制订行动计划，实施有效的改变。

一是要设定清晰的目标。清晰的目标能够帮助我们更好地聚焦于重要的事情，而不是盲目地追求效率。确立短期和长期的目标，并为之制订详细的计划，这样可以确保每一步行动都有意义。

二是要学会说“不”。在职场和社会中，学会拒绝那些不重要或不符合自己目标的事情非常重要。这不仅能节省宝贵的时间，还能减少不必要的压力。

三是要培养兴趣爱好与社交圈子。兴趣爱好不仅可以为我们提供乐趣和支持，还能帮助我们建立更广泛的社会关系网。通过参与各种活动，我们可以结识志同道合的朋友，获得新的视角和灵感。

第四，勇于尝试新事物，不畏惧变化与挑战。

勇于尝试新事物，是通往个人成长与无限可能的金钥匙。在这个日新月异的时代，故步自封只会让我们错失时代的浪潮，而敢于迈出舒适区，则是我们不断突破自我、拓宽视野的必经之路。

有时候，离开舒适区，尝试新的领域或行业，可能会带来意想不到的收获。每一次对新领域的探索，都可能让我们遇见前所未有的机遇，激发潜藏于内心深处的潜能。因此，不要害怕改变带来的不确定性，因为正是这些未知与挑战，塑造了更加坚韧和多元的自己。

通过反思与调整，我们能够更深刻地认识自我，进而探寻出真正契合自身发展的道路。在这个过程中，重要的是保持开放的心态，勇于接受挑战，并不断学习成长。当我们能够跳出“内卷”的陷阱时，就会发现生活变得更加丰富多彩，工作效率也会随之提高。

在这个快节奏、高压力的社会环境中，“内卷”仿佛成了一种无形的枷锁，让人们在无尽的竞争中疲于奔命，忘记了初心与梦想。它像是一片看似肥沃实则贫瘠的土地，让人在其中越陷越深，难以自拔。

如果我们发现自己正被无休止的比较、过度的竞争和永不满足的期望困扰，或许是时候停下脚步，深呼吸，重新审视自己的处境了。

面对竞争，如何打破无尽的内耗循环

在这个竞争激烈的时代，我们仿佛在经历一场没有硝烟的战争，每个人都在为了有限的资源、更高的排名、更好的评价而奋力拼搏。然而，在这场看似永无止境的竞赛中，许多人都发现自己陷入了无尽的内耗循环中，身心俱疲，似乎离目标也越来越远。

那么，我们如何在这股洪流中找到出路，打破内耗的桎梏，成为自己人生的主宰呢？

内耗：心灵的隐形牢笼

内耗，这一看似隐秘实则无处不在的现象，正悄然侵蚀着我们的精力、热情和创造力，将我们困于一个看似努力实则无效的循环之中。在这种境遇下，我们需要深入剖析内耗的本质，正视现状，并调整心态。

首先，我们要认识内耗，理解内耗的本质。

内耗，是指个体在追求目标的过程中，内部因素的干扰和冲突所导致的时间、精力或情感等的非必要消耗。它如同心灵深处的一道隐形牢笼，让人在不知不觉中陷入自我挣扎与消耗的旋涡。在“内卷”的时代背景下，内耗的表现尤为突出：过度的自我期待与现实的落差，导致焦虑与挫败感交织；无休止的比较与竞争，让人在追求完美的路上越走越远，却忽略了过程中的美好；无效的时间管理和任务拖延，更是让宝贵的时间如流水般逝去，留下诸多遗憾。

其次，我们要正视现状，从盲目追求到全面审视。

我们要打破内耗的桎梏，需要具备正视现状的勇气与智慧。这意味着我们需要放下对完美和成功的盲目追求，转而以一种更加理性和全面的视角审视自己的生活与工作。我们需要认识到，每个人的成长轨迹都是独一无二的，没有所谓的标准答案或固定模式。因此，我们不必过分在意他人的评价与看法，更不必将自己置于无休止的比较之中。

我们还需要正视自己的不足与局限。这并不意味着我们要对自己进行苛责或贬低，而是要在认清自己的基础上，找到适合自己的发展路径和节奏。只有这样，我们才能避免在追求目标的过程中因盲目跟风或急功近利而陷入内耗循环中。

最后，我们要调整心态，从焦虑状态到平和面对。

面对“内卷”的压力和竞争，保持平和的心态至关重要。我们要明白，成功是时间累积与不懈努力的结晶，途中难免遭遇挫折与失败，然而这些经历实为成长路上不可或缺的宝贵资产，让我们更加坚韧不拔。因此，我们要学会以平和的心态面对这些挑战与困难，将它们视为自我提升和成长的机会。

我们还需要学会放下对结果的过度执着。很多时候，我们之所以会感到焦虑与不安，正是因为我们过分关注结果而忽略了过程本身的价值。然而，生活实则由众多历程交织而成，每一阶段都潜藏着成长与收获的契机。因此，我们要学会享受过程带来的乐趣与满足感，让心灵在平和与宁静中得到滋养与成长。

通过深入剖析内耗的本质、正视现状以及调整心态，我们可以逐渐构建一个更加清晰和全面的认知框架。这不仅可以帮助我们认清内耗的本质和危害，还可以为我们明确打破内耗循环的方向和路径，从而帮助我们在“内卷”的时代中脱颖而出，成就更加精彩和有意义的人生。

跳出重围，挣脱“内卷”桎梏

真正的成功，不是局限于与他人无休止的较量之中，而是在探索未知、挑战自我的过程中绽放光彩。在深入剖析了内耗的本质后，我们还需要付诸实践，采取一些实践策略，这样才能逐步打破内耗的循环，迈向更加充实和高效的人生。

第一，明确目标与愿景。

一切行动始于明确的目标。为了打破内耗，我们需要设定清晰、具体且可实现的个人目标。这些目标应当与我们的价值观、兴趣和长期规划相契合，既能激发我们的内在动力，又不会让我们感到遥不可及。同时，将大目标分解为一系列小目标，每达成一个小目标都是对自我的一次肯定和鼓励，有助于我们保持持续前进的动力。

在设定目标时，我们还要关注“愿景”的构建。愿景，作为对未来生活的憧憬与向往，犹如一盏明灯，引领我们穿越未知，照亮前行的征途。通过不断回顾和强化愿景，我们可以增强对未来的信心和期待，从而更加坚定地走出内耗的阴影。

第二，优化时间管理，提高效率。

时间管理是打破内耗的关键一环。在“内卷”的时代，时间似乎成了最稀缺的资源。为了充分利用时间、提高效率，我们需要掌握一些实用的时间管理技巧。例如，可以采用番茄工作法来规划工作时间和休息时间，保持高效的工作状态；利用时间日志来记录时间使用情况，找出时间浪费的根源并加以改进；学会拒绝无效社交和不必要的会议邀请，将时间留给真正重要的事情。

我们还可以通过提升自我管理能力来优化时间利用。比如，制订合理的工作计划和日程安排，避免拖延和临时抱佛脚；培养良好的工作习惯和生活习惯，如早睡早起、健康饮食等，以充沛的精力应对日常挑战。

第三，培养成长型思维，拥抱挑战。

成长型思维是打破内耗的重要心理武器。它鼓励我们以积极的态度面对挑战和失败，将每一次挫折视为成长的机会和学习的动力。拥有成长型思维的人不会因为一时的失败而气馁或放弃，而是会从中汲取经验与教训，不断调整策略和方法，努力向目标迈进。

为了培养成长型思维，我们需要学会自我反思和总结。在每次完成任务或经历挑战后，都要花时间回顾整个过程，分析自己的优点和不足，找出改进的空间和方向。同时，我们还要保持对新知识、新技能的好奇心和学习热情，不断提升自己的综合素质和竞争力。

第四，建立支持系统，寻求合作与帮助。

在打破内耗的过程中，我们并非孤军奋战。构建一个坚实的支持网络，能帮助我们更有效地应对挑战，跨越难关。这个支持系统可以包括家人、朋友、同事或导师等，他们可以在我们需要时给予鼓励、支持和帮助。同时，我们还应掌握寻求合作与援助的方法，借助团队协作的力量，共同克服难题，达成目标。

在合作过程中，我们要学会倾听和尊重他人的意见和建议，积极沟通、协调分歧，共同推动项目的进展。合作与互助，不仅丰富了我们的资源与支持，还拓宽了人脉与视野，为未来的成长奠定了坚实的基础。

第五，关注身心健康，保持身心平衡。

追求目标时，我们时常会忽略对身心健康的维护。然而，只有拥有健康的体魄和积极的心态，我们才能有足够的能量和动力去应对各种挑战和困难。因此，我们应培养规律的作息、健康的饮食与运动习惯，以维护身体健康；并学会管理情绪、缓解压力，确保心理健康处于平衡状态。

“内卷”的时代虽然充满挑战和竞争，但也为我们提供了成长和超越的机遇。只要我们能够正视内耗的现状、调整心态、设定明确的目标、优化时间管理、培养成长型思维、寻求支持与合作以及保持身心健康，就一定能够打破无尽的内耗循环，成为自己生命的主宰。让我们以更加积极、开放的心态去拥抱这个充满可能性的时代吧！

第二章

认知的觉醒：看见不易察觉的岔路口

人生如旅，处处是道路的岔口，面对“向左走还是向右走”的选择，我们常感迷茫。好走之路虽宽，却易陷“内卷”；难行之径虽窄，却通往非凡。

本章聚焦于“认知的觉醒”，鼓励我们看见那些不易察觉的岔路口，勇于选择少有人走的路——独辟蹊径。我们要勇敢地拒绝非理性的“内卷”，通过深化自我认知，学会在平凡与非凡之间做出智慧抉择，最终成就最好的自己。

道路的岔口：向左走还是向右走

在人生的长河中，我们总会遇到无数个岔路口，每一个选择都像是一次心灵的考问，都可能决定我们未来的发展方向。面对人生中的关键抉择，我们是向左走，踏上那条看似平稳的道路；还是向右走，开启一段充满未知与挑战的冒险之旅？

面对人生中的岔路口，我们要有勇气去探索未知，勇敢地选择那条更具挑战性的道路，因为那里往往隐藏着更美丽动人的风景。

抵御平稳之路的诱惑

向左走，那是一条被无数人走过的路，它平坦、宽广，沿途有前人留下的足迹和指引，仿佛每一步都踏在了安全的基石上。我们选择这条路，意味着可以规避许多未知的风险，享受稳定带来的安逸与舒适。然而，正是这份安逸，也可能成为束缚我们成长的枷锁。

平稳之路往往缺乏创新与突破的机会，它让我们在既定的框架内徘徊，难以触及更广阔的天地。随着时间的推移，我们可能会发现，自己虽然走得稳当，但视野却日益狭窄，激情与梦想也在日复一日的重复中逐渐消磨。

相比之下，向右走则是一条少有人走的路，它崎岖不平，充满了未知与变数。选择这条路，意味着要独自面对风雨，承受失败的痛苦，甚至可能遭遇旁人的不解与嘲笑。但正是这些挑战，可以铸就坚韧不拔的意志，激发无限潜能，让我们在逆境中成长，在挑战中蜕变。比如，一位不朽的音乐巨匠——贝多芬。

贝多芬，作为西方古典音乐史上最具影响力的人物之一，他的一生充满了对音乐无尽的热爱与不懈的追求，即使在遭遇重大生活挫折时，也从未放弃对音乐的创作与探索。

贝多芬出生于一个音乐世家，自幼便显露出卓越的音乐才能。然而，他的音乐探索之旅却充满了挑战与坎坷。在其事业最为辉煌的时期，他遭遇了沉重的打击——听力逐渐衰退，这对一位音乐家而言，无疑是一个毁灭性的打击。面对这一几乎无法逆转的困境，贝多芬站在了人生的岔路口上，他可以选择放弃，安稳地度过余生，或者继续以非凡的意志和创造力，在无声的世界中创作音乐。

贝多芬选择了后者。他并没有让失聪成为阻碍，反而将这一挑战转化为创作的动力。他努力克服创作障碍，发展出了一种独特的“内心听觉”，能够在脑海中清晰地听到自己想要创作的音乐。在这一时期，他创作了大量深受人们喜爱、经久不衰的经典音乐作品，至今仍被广泛传唱与演绎，如《命运交响曲》《月光奏鸣曲》《田园交响曲》等，这些作品不仅展现了他深邃的情感和卓越的音乐才华，更彰显了他在逆境中坚韧不拔、勇往直前的精神风貌。

贝多芬的卓越成就，为音乐界乃至全球范围带来了深远的激励与鼓舞。他用自己的经历告诉我们，无论面对何种困难和挑战，只要我们有坚定的信念、不懈的努力和非凡的创造力，就能够创造出属于自己的辉煌。贝多芬的音乐，跨越了时间和空间的限制，成为人类共同的精神财富，永远激励着后来者在音乐的道路上不断探索、前行。

成功往往属于那些敢于梦想、勇于探索、不懈追求的人。处在人生的岔路口，贝多芬选择了勇敢地向右走，不向命运屈服，以顽强的意志获得了伟大的音乐成就。

我们也要拥有探索未知的勇气与追求梦想的决心，勇敢地向右走。在这条充满挑战的路上，每次挫折都铸就了坚韧，每次失利都铺垫了通往成功的道路。在挑战中，我们能够学会独立思考，勇于尝试，不断突破自我限制，最终发现那些看似不可能的目标，其实只是需要更多的勇气与坚持。

更重要的是，挑战之路往往能引领我们到达那些平凡之路无法企及的高度。在这里，我们有机会创造属于自己的奇迹，实现个人价值的最大化。当我们站在成功的巅峰回望来路，会发现那些曾经的艰辛与挑战，都化作了照亮我们前行之路的勇气与力量。

在人生的岔路口，我们要勇敢地选择那条更具挑战性的道路。因为，正是这些挑战，塑造了更加坚韧、更加优秀的我们；正是这些未知，让我们的生命充满了无限可能与希望。

勇敢地追寻人生无限可能

在人生的岔路口，我们常常面临选择：是沿着熟悉的道路缓缓前行，还是勇敢地迈出步伐，探索那片未知而充满挑战的领域？

我们要勇敢面对挑战，在探索中获取前行力量。面对一场对自我的勇敢挑战，要求我们摒弃安逸，主动拥抱那些看似不可逾越的障碍。在这个过程中，每一次跌倒都成为我们重新站起的动力，每一次失败都转化为宝贵的经验积累。我们学会了在困难中寻找光明，于绝望之处播种下希望的种子。

正是这些经历，让我们的心灵变得更加坚韧，视野变得更加开阔，也让我们深刻体会到，真正的力量源于内心的勇敢与坚持。正如探险者所秉持的信念，最震撼人心的美景常常藏匿于最难以企及之处。

我们要寻找真正的自我，在尝试中激发内心潜能。选择向右走，便是踏上了一段探索自我的旅途。在这段旅途中，我们不再受限于过去的身份标签或外界的期待，而是敢于尝试那些曾经认为不可能的事情，学习新技能，接触新思想。

每一次的尝试，都是对自我边界的拓宽，让我们逐渐发现那些隐藏在内心深处的潜能与热爱。我们学会了倾听内心的声音，学会了根据自己的兴趣和价值观做出选择，最终找到那个既真实又独特的自我。这种自我探索的经历，其价值远超任何物质上的收获。

我们要积极拥抱变化，在不确定中把握机遇。世界如同一本永远翻不完的书，每一页都写满了变化与挑战。我们不应畏惧未知，而是要学会在变化中寻找机遇，在挑战中寻求成长。

我们深知，唯有持续适应并引领变革，方能在激烈的角逐中保持领先，不被淘汰。这种心态让我们在面对未来时更加从容不迫，也让我们在追求梦想的路上更加坚定有力。我们相信，只要勇敢地迈出步伐，持续学习，勇于创新，就一定能在未来的道路上书写属于自己的辉煌篇章。

总之，对生命深度的探索，对自我潜能的挖掘，以及对未来无限可能的追求，能教会我们如何在不确定中寻找确定，在挑战中发现机遇，在变化中成就未来。让我们带着这份勇气与决心，继续前行，在人生的旅途中不断发现新的风景，成就更加精彩的自己。

好走与难走：平凡与非凡的抉择

在人生的漫长旅程中，每一步都面临着众多的选择，这些道路或宽敞明亮，或曲折蜿蜒。好走与难走，不仅仅是脚下路途的直观感受，更是内心深处对平凡与非凡生活方式的深刻抉择。

站在人生的岔路口，我们不禁陷入深思：是安于现状，享受那份平稳与安逸，让日子如细水长流般平凡度过；还是勇于突破，踏上那条布满荆棘却也可能通往辉煌的非凡之路？这场抉择，不仅考验着我们的勇气与智慧，更是一次对自我价值与生命意义的深刻探索。

平凡与非凡的抉择

为什么大多数人偏好选择好走的路？这是因为人类天生具有避免痛苦的本能，倾向于寻求快乐和舒适的生活状态。研究发现，人们往往倾向于选择阻力最小的路径来实现目标。这就好比面对两份工作，一份轻松但收入平平；另一份辛苦却回报丰厚，许多人会选择前者，因为它看起来更为稳妥和舒适。

然而，历史上无数成功人士的经验告诉我们，难走的路往往才是通向非凡的必由之路。

在南非的历史长河中，纳尔逊·曼德拉的故事如同一座巍峨的灯塔，照亮了自由与平等的道路。他出身平凡，却选择了非凡的道路，毅然决然地投身于反对种族隔离的斗争中。

1962年，纳尔逊·曼德拉不幸被捕入狱，随后在监狱中度过了漫长的27年岁月。这段岁月，对他而言是无尽的黑暗与煎熬，但他从未放弃希望。在狱中，他坚持学习、写作，用思想的光芒穿透牢笼的束缚。他深知，自己正走在一条艰难却意义非凡的道路上，每一步都踏向民族的自由与尊严。

纳尔逊·曼德拉的非凡之处在于他的坚韧与宽容。面对不公与苦难，他拒绝仇恨，倡导和解，用和平的方式争取权利。他的心中始终怀揣着对人性美好的信念，相信通过努力与坚持，能够改变南非的命运。

1990年，纳尔逊·曼德拉重获自由，他没有沉浸在个人的胜利中，而是迅速投身于南非的和平转型。他领导"非国大"与"国民党"谈判，推动制定宪法，确立了种族平等的原则。他的不懈努力与巨大牺牲，为南非迈向民主化的道路铺设了坚实的基石。

纳尔逊·曼德拉的一生，正是对"好走与难走：平凡与非凡的抉择"的生动诠释。为了实现民族的自由和平等，他放弃了个人的安逸，选择了最难走的路，却成就了最伟大的事业。正是这样的选择，使他成为全世界受尊敬的自由斗士，实现了非凡的成就。

他的故事告诉我们，真正的非凡源于对平凡生活的超越，对正义事业的坚持，以及在逆境中不屈不挠的精神。选择难走的路，需要具备顽强的意志与坚定不移的信念。这条路上充满了未知和困难，它考验着一个人的耐心、勇气和毅力，但也锻炼了人的意志，提高了我们解决问题的能力，并最终可能引领我们达到一个更高的境界。

生命的真谛在于探索和成长。当我们勇敢地选择难走的路，我们不仅挑战了自我，也拓宽了人生的视野。让我们拥抱那些使我们感到恐惧和痛苦的选择，因为它们有可能带领我们步入非凡的殿堂。

难走之路铸就非凡人生

在人生的长河中，每个人都是自己航船的舵手，面对着无数条蜿蜒曲折的航道，每一次选择都引领我们走向不同的彼岸。其中，“好走”与“难走”这两条路，如同天平的两端，衡量着平凡与非凡之间的重量与价值。我们要勇敢拥抱挑战，去努力追求那种虽艰难却意义非凡的人生旅程。

“好走”的路上，往往铺满了前人的足迹，平坦而宽广，它以其低门槛、低风险吸引着无数追求稳定与安逸的心灵。在这条路上，生活似乎被预设了轨迹，按部就班，少有波澜。然而，正是这份看似完美的安稳，也可能成为束缚个人成长与潜能发掘的枷锁。长期沉浸在舒适区，人的意志会被逐渐消磨，创造力与探索欲会被磨灭，最终只能在平凡中徘徊，错失那些能够照亮生命、成就非凡的机遇。

相比之下，“难走”的路上则布满了荆棘与未知，每一步都需付出艰辛与努力。但正是这些挑战，塑造了坚韧不拔的性格，激发了无限的潜能。在攀登高峰的过程中，我们学会了坚持与自我超越，每一次跌倒都是向前的准备，每一次失败都蕴含着成功的种子。这条路上，虽然孤独与艰辛常伴，但沿途的风景与最终达到的高度，足以让一切努力变得值得。

那么，我们如何才能走好那条虽然崎岖却充满无限可能的路呢？这不仅是一个关于勇气的课题，更是一场自我发现与超越的旅程。

首先，我们要深入挖掘内心，明确并坚定自己的目标与梦想。这些目标不应是空中楼阁，而是经过深思熟虑、与我们内心真实渴望相契合的愿景。当我们对这些目标深信不疑，明白它们背后的价值与意义时，就能激发起内心深处最原始的动力。我们要认识到，正是那些看似艰难的挑战，才能磨砺我们的意志，锤炼我们的能力，最终引领我们走向梦想的彼岸。

其次，我们要学会以一颗平和而坚韧的心去正视前行路上的困难与挑战。困难，并非成功的绊脚石，而是成长的催化剂。我们应将每一次遇到的问题视为一次学习的机会，一个让自己更加坚韧、更有智慧的契机。通过积极的思考和行动，我们可以将困难转化为前进的动力，让自己的心灵在磨砺中更加坚强，视野在挑战中更加开阔。

最后，我们要培养并保持一种积极向上的心态，这是通往成功不可或缺的内在力量。我们要坚信自身潜力无穷，视每个挑战为攀登更高峰的必经阶梯。当我们遭遇挫折时，不妨试着转换视角，从中汲取成长的养分与力量；当我们感到迷茫时，保持信心与耐心，相信只要坚持不懈，终将迎来曙光。同时，我们也要学会从成功中汲取经验，从失败中提炼教训，让自己的心态更加成熟，步伐更加坚定。

总之，选择难走的路，就意味着选择了非凡的人生。在这条路上，我们有机会创造出属于自己的独特价值，为这个世界留下深刻的印记。无论是科学上的重大突破，艺术上的卓越贡献，还是社会公益的默默奉献，都是对“非凡”二字最生动的诠释。更重要的是，这种追求不仅成就了个人的辉煌，更激励着后来者不断前行，共同推动人类文明的进步。

好走与难走，平凡与非凡，并非简单的二元对立，而是人生旅途中不可或缺的两种体验。选择哪条路，取决于我们内心的渴望与追求。但请记住，生命的意义往往蕴藏在那些看似艰难的选择之中。勇敢地迈出舒适区，拥抱挑战，我们就会发现，那些曾经看似不可逾越的障碍，最终都会成为我们通往非凡之路的坚实基石。

不想“内卷”，就要独辟蹊径

在这个快节奏、高竞争的时代，“内卷”让人们在无尽的竞争中疲惫不堪，且难以挣脱。然而，真正的成长与突破往往隐藏在那些少有人走的路上——那便是独辟蹊径。

不想“内卷”，就要独辟蹊径，主动远离喧嚣与浮躁，踏上一条少有人走的、充满挑战与未知的道路。这不仅是对“内卷”文化的一种超越，更是对自我潜能的深度挖掘和对生活质量的主动提升。

理解“独辟蹊径”的真谛

独辟蹊径就是要选择一条少有人走、需要勇气与智慧去探索的独特路径。它不同于众人蜂拥而至的康庄大道，而是充满了未知与挑战，却也蕴藏着无限可能。这一观念具有深刻的启示意义，它鼓励我们勇于探索未知，敢于挑战自我，走出一条不同寻常的人生轨迹。

独辟蹊径，要求我们具备非凡的勇气与独立的思考。在这条路上，没有现成的地图和指南，每一步都需要自己去摸索、去体验。它要求我们在面对困难与挑战时，不畏惧失败，不随波逐流，而是坚持内心的信念，勇往直前。这种精神，是对自我极限的一次次超越，也是对生命意义的一次次深刻探索。

那么，我们为何要独辟蹊径呢？这背后蕴含着深刻的哲理与人生抉择的智慧。独辟蹊径，往往意味着我们要主动拥抱挑战，勇于探索少有人走的路，这种选择的背后有着深刻的考量。

一是可以避免同质化竞争，开创独特价值。在日新月异的社会背景下，同质化竞争日益凸显，成为阻碍个体与企业成长的关键因素。独辟蹊径，意味着主动跳出舒适区，去寻找那些尚未被充分发掘的领域和机会。在这里，我们可以依据个人兴趣与专长，打造独特价值，进而在竞争激烈的市场中彰显卓越，脱颖而出。这种差异化的竞争优势，不仅能让我们的事业更加稳固，更能赋予我们深层次的精神满足与成就感。

二是可以实现自我价值，追求幸福与满足。我们将不再是被外界标准驱动的傀儡，而是成为自己命运的主宰。我们可以根据自己的内心呼唤，选择适合自己的生活方式和工作模式，实现真正的自我实现。这种由内而外的驱动力，将让我们在追求成功的道路上，始终保持对生活的热爱和对未来的憧憬。我们的每一份成就，都是对自我价值的认可，也是向幸福生活迈进的坚实基础。

三是可以迎接更广阔的视野，开启无限可能。虽然探索之路充满挑战，但它所通向的彼岸却是一片广阔无垠的天地。在这里，我们将有机会接触到全新的思想、文化和科技，这些都将极大地拓宽自己的视野和认知边界。更重要的是，我们还将有机会参与到那些能够改变世界、影响未来的伟大事业中去，成为推动社会进步的一分子。这种经历，将使我们的生命更加丰富多彩，充满深远的意义。

总之，独辟蹊径虽然艰难，但它所蕴含的价值和意义却是不可估量的。它教会我们勇敢、独立、创新和坚持，让我们在追求梦想的过程中不断成长和进步。因此，无论前方的道路如何崎岖不平，我们都应该坚定信念，勇往直前地走下去。因为只有这样，我们才能最终到达那个属于我们自己的、充满光明与希望的彼岸。

如何独辟蹊径？

在人生的旅途中，每一步选择都至关重要。独辟蹊径虽然艰难，却隐藏着无限可能，吸引着那些渴望突破常规、追求卓越的灵魂。那么，如何独辟蹊径呢？这不仅是一场对勇气的考验，更是一次智慧与决心的深度探索。

首先，我们要进行自我反思与精准定位。

第一步，深入地进行自我探索。这包括审视自己的兴趣所在，识别那些能够激发自己无限热情的事物；同时，也要客观评估自己的优势与劣势，明确自己在哪些领域拥有独特的才能或潜力。

第二步，清晰界定个人的核心价值观与长远目标。这些将作为我们行动的指南针，帮助我们在面对选择时保持方向感，确保每一步都朝着心中的理想迈进。通过自我反思与明确价值观，我们可以更加清晰地定位自己在社会中的角色与使命，从而发现一种能够让自己全身心投入、实现自我价值的生活方式。

其次，我们要勇于尝试与不懈探索。

独辟蹊径，意味着我们要勇敢地走出舒适区，去尝试那些未知且充满挑战的事。这需要我们具备一种“无惧失败”的心态，将每一次尝试都视为成长的机会。在探索的过程中，挫折与失败在所难免，关键在于我们如何以积极的态度去面对这些经历。将它们视为宝贵的教训，从中汲取经验，不断调整自己的策略和方向，我们将变得更加坚韧和成熟。

我们还要对未知世界保持一颗好奇的心，勇于探索新的领域和机会，去触碰那些未曾触及的领域，去揭开那些隐藏在表象之下的神秘面纱。这种不懈的探索精神，将成为我们人生旅途中最强大的动力源泉，引领我们不断突破自我限制，发现那些原本看似不可能的可能。

再次，我们要持续学习与不断进步。

独辟蹊径，意味着我们要保持对新知识、新技能的好奇心，通过自学、参加培训或加入学习小组等方式，不断提升自己的综合素质和竞争力。同时，我们应定期回顾学习与成长历程，评估方法的有效性并识别改进空间。这种自我反思与调整，可以有效改进学习策略，最终实现学习效率的显著提高。

在持续学习的过程中，我们更应注重精心培养自己的创新思维，学会跳脱常规，以多元化的视角审视问题，勇于挑战既有认知，敢于提出新的观点和解决方案。这种不断涌动的创新能力，将成为我们闯过难关的坚实盔甲，让我们在激烈竞争中脱颖而出，在未知领域里开辟出独属于自己的辉煌道路。

最后，我们要建立人脉与社群支持。

独辟蹊径，人脉资源也是非常重要的。我们可以通过参加行业会议、社交活动等方式建立广泛的人脉网络，并在人脉网络中积极展示自己的价值和才能，与他人建立良好的关系。这些关系将成为我们前进道路上的重要资源，为我们提供信息、机会甚至直接的支持。

在享受社群带来的好处的同时，我们也要学会回馈和共享。通过分享自己的经验和知识，帮助他人成长和进步，我们将赢得更多的尊重和信任，从而进一步巩固和扩大我们的人脉网络。

在激烈竞争的时代，选择独辟蹊径，或许需要更大的勇气和决心。但请相信，正是这些不同寻常的选择，将引领我们走向一个更加宽广、更加多彩的世界。不要害怕孤独与挑战，因为最美的风景往往只属于那些勇于探索未知的旅者。勇敢地探索，我们将逐步走出一条属于自己的非凡之路，实现自我价值与人生理想。

拒绝“内卷”，做最好的自己

在这个快节奏、高压力的时代，“内卷”一词如同一股暗流，悄然侵蚀着我们的生活与心灵。它像是一场无声的竞赛，让我们在不自觉中陷入无休止的比较与追逐之中，忽略了自我成长的真正意义。

“内卷”之所以让人疲惫不堪，很大程度上是因为它触动了我们内心深处的恐惧——对失败的恐惧、对不被认可的恐惧。我们害怕在竞争中落败，害怕自己的努力得不到应有的回报，于是不断加码，试图通过更多的投入来换取安全感。然而，这种策略往往适得其反，因为当大多数人都这么做时，努力的边际效益就会递减，最终导致一些人陷入一种“集体焦虑”的状态。

在这样的背景下，我们要勇敢地拒绝这无休止的“内卷”，停止与他人进行无休止的较量，努力做最好的自己，不为外界的评价所动，只为自己心中的热爱与梦想而努力。

超越比较，寻找内在驱动力

在当今这个竞争激烈的社会里，“内卷”一词如同一面镜子，映照出人们内心深处对成功与被认可的渴望，同时也揭示了那份因过度竞争而带来的焦虑与疲惫。我们似乎总在不断地与他人比较，试图在社会的标尺上找到自己的位置，却往往忽略了内心深处最真实的声音。

“内卷”，本质上是一种过度竞争的状态，它不仅仅体现在学业、职场等显性领域，更渗透到了人们的思维方式、价值观念乃至生活方式之中。在这种状态下，人们为了争夺有限的资源或机会，不断加大投入，却往往发现收益递减，甚至陷入一种“越努力越焦虑”的怪圈。这种无形的心理战，让许多人感到身心俱疲，失去了对生活的热情和创造力。

要打破“内卷”的魔咒，我们就要先认识到比较的无意义性。每个人都是独一无二的，其背景、经历与能力各异，故无法用统一的标尺衡量。当我们陷入比较的旋涡时，往往会忽略自己的独特价值和优势，而盲目追求那些并不适合自己的目标。这种追求不仅无法带来真正的满足感和成就感，反而会让我们的内心充满矛盾和冲突。

因此，超越比较的第一步是学会自我接纳和自我肯定。我们需要认识到自己的不完美和局限性，但同时也要珍惜自己的独特之处和优点。通过自我反思和内心对话，我们可以更加清晰地认识到自己的兴趣、价值观和目标，从而找到真正激发自己动力的源泉。

在超越比较的基础上，我们还需要进一步探索自己的内心世界。这不仅是对自己性格、能力等方面的了解，更是一种对生命意义、价值观念的深刻思考。通过冥想、阅读、旅行、艺术创作等方式，我们可以逐渐打开内心的窗户，让阳光照进那些曾经被忽视或压抑的角落。

在深入探索内心的过程中，我们或许会遭遇各种挑战与难关。

有时，我们会发现自己的想法与社会的主流观念相悖；有时，我们会感到迷茫和无助，不知道未来的方向在哪里。但正是这些挑战和困难，让我们有机会更加深入地了解自己，发现自己的潜力和可能性。

当我们逐渐清晰自己的内心世界时，就会发现一种从内心出发的力量正在悄然生长。这种力量源于我们对生命的热爱、对梦想的追求以及对自我价值的肯定。它让我们不再受外界评价的束缚，而是根据自己的内心需求去选择道路、制订计划并付诸行动。

具备内在动力的人，在追梦路上能持续保持热情与活力。面对挫折与失败，他们不轻言放弃，而是积极汲取教训，灵活调整路径与策略。他们深知成功并非一蹴而就的事情，而是需要付出持续的努力和坚持。

因此，拒绝“内卷”、做最好的自己，需要从内心出发，培养一种超越比较、追求内在成长的心态。当我们真正理解了这些要素的重要性并付诸实践时，就会发现自己在成长的道路上越走越远、越飞越高。在这个过程中，我们不仅会收获成功和幸福，更会找到那个最真实的、最好的自己。

积极作为，成就最好的自己

在拒绝“内卷”的道路上，我们不仅要学会超越比较，更要以积极作为的态度，主动拥抱生活中的每一个挑战与机遇。这不仅仅是一种心态的转变，更是一种行动上的实践，它要求我们在明确目标的基础上，持续努力，不断突破自我，最终实现个人价值的最大化。

第一，聚焦个人成长，深耕内在价值。

在这个快节奏社会中，我们往往被外界的评价和期望牵引，忽略了自我成长的真正意义。然而，真正的成就感和满足感并非源于他人的认可，而是源自内心的成长与蜕变。因此，我们需要将注意力从外在的评价转移到个人成长上来，设定清晰、具体的成长目标，并为之不懈努力。

这些目标可以是技能的提升、知识的积累，也可以是性格的完善、心态的调整。通过持续的学习和实践，我们不仅能够提升自己的能力和素质，更能在过程中发现自我、认识自我，最终实现内在价值的提升。当我们回首过去，看到自己的成长轨迹时，那份由衷的喜悦和成就感将是对我们最好的回馈。

第二，拥抱变化，勇于探索未知领域。

在这个日新月异的时代，变化是唯一不变的主题。唯有持续怀揣对新知识与新技能的好奇与热忱，我们才能紧跟时代步伐，免遭淘汰。因此，我们需要勇于尝试新事物，不断拓宽自己的视野和领域。

这并不意味着我们要盲目追求潮流或跟风行事，而是要根据自己的兴趣和目标，有选择地进行探索和学习。在尝试新事物的过程中，我们可能会遇到挫折和失败，但正是这些经历让我们更加坚韧和成熟。同时，它们也为我们提供了更多的机会和可能性去实现自我价值，让我们在人生的道路上走得更远、更稳。

第三，调整心态与习惯，为成功奠定坚实基础。

良好的心态和习惯是成就更好自己的重要支撑。遭遇困境与挑战，我们应保持乐观向上的心态，坚信自身实力与潜能，勇往直前。此外，培养良好的生活与工作习惯，提升效率与自律，亦是获取成功的重要因素。

这些习惯涵盖规律作息、时间的有效规划以及专注力的维持等。它们看似微不足道，却能在日积月累中发挥出巨大的作用。当我们养成了这些良好的习惯时，就会发现自己在面对各种挑战时更加从容不迫、游刃有余。同时，这些习惯也将成为我们追求个人成长道路上的坚实基石，让我们在追求梦想的道路上更加坚定和自信。

第四，珍视人际关系，构建支持网络。

在个人成长的道路上，人际关系同样扮演着至关重要的角色。与家人、朋友、同事等建立良好的关系网络，相互支持、共同进步，可以让我们在人生的道路上少走弯路、多获助力。

在团队合作中，倾听、理解和协同至关重要，我们应尊重每位成员的见解，携手为实现团队目标而奋斗。这样不仅可以增强团队凝聚力与执行力，还促使我们在合作中汲取新知，精进技能。同时，我们也需要珍惜与家人和朋友的相处时光，分享彼此的快乐和忧愁，让彼此成为生命中不可或缺的支持力量。

总之，“拒绝‘内卷’，做最好的自己”是一场心灵的革命，它要求我们在浮躁与喧嚣中保持清醒，坚守内心的纯净与坚韧。让我们以更加积极的态度面对生活，专注于自我提升，培养多元化兴趣，建立支持系统，并勇于拥抱变化。在这条充满挑战与机遇的道路上，相信我们都能成为最好的自己，收获属于自己的幸福与成功。

第三章

理智的选择：走一条难而正确的路

在人生的征途上，难走的路往往鲜有人迹，却也最为宽敞。因为，“难走的路，从来都不拥挤”。这些路，多是通往高峰的上坡之路，每一步都充满挑战，却也铺就了成长的基石。“舍易求难”，是理智者的选择，是对自我潜能的深刻洞察与勇敢挖掘。

本章将深入探讨如何辨识并坚定地走在那条难而正确的道路上，勇于迎接挑战，做最有意义、最具挑战的事，成就非凡人生。

难走的路，从来都不拥挤

在这个竞争激烈的社会中，那些看似最容易走的路往往也是最拥挤的。无论是学业上的选择，还是职业发展的方向，一旦大家纷纷拥向某一条道路，那条路上的竞争就会变得异常激烈。然而，在这熙熙攘攘的人群之外，还有一些难走的路鲜有人涉足，它们崎岖不平，布满荆棘，却也藏着最动人的风景与最深刻的领悟，能够引领我们抵达梦想的彼岸。

选择难走的路，意味着我们要主动拥抱不确定性，敢于走出舒适区，去探索那些未被发掘的领域。它还要求我们具备超越常人的勇气与毅力，去克服内心的恐惧与外界的偏见。但正是这份不易，赋予了这段旅程无价的意义与价值。它让我们在逆境中成长，在挑战中蜕变，最终塑造出我们独特的人生、成就非凡的自我。

为何选择人迹罕至的道路？

在这个选择多元的时代，我们都在探寻着通往成功的便捷路径。然而，那些真正能够带来深刻变化与成功的道路往往布满了荆棘与挑战。我们常常听到这样一句话："难走的路，从来都不拥挤。"这句话揭示了成功路上一个不争的事实：真正能够引领我们到达巅峰的路径，往往因为其艰难与不确定性，让大多数人望而却步。选择这样一条路，意味着我们将独自面对挑战、不确定性和孤独。

那么，为何我们还要选择这样一条难走的道路呢？成功，从来不是偶然的馈赠，而是对自我极限的不断挑战与突破。那些选择易行之路的人，往往停留在自己的舒适区内，享受着安逸与平凡。然而，真正的成长与蜕变，往往发生在跨越舒适区的那一刻。在难走的路上，我们需要不断学习新知，面对未知，这种过程虽苦，却是通往卓越的必由之路。

在难走的路上，我们可以获取探索未知的勇气。人类天生对未知充满好奇与渴望。选择人迹罕至的道路，就如同踏上一场未知的探险，每一步都可能发现新奇的风景、遇见未曾谋面的自己。这种对未知的勇敢探索，不仅满足了我们的好奇心，更是对自我边界的不断拓宽和超越。它教会我们如何在不确定中寻找方向，在困境中保持希望，让生命因探索而更加精彩。

在难走的路上，我们可以实现自我价值的最大化。当大多数人选择安逸时，那些勇于探索未知、敢于挑战自我的人，便成为少数派。我们不畏艰难，以坚定的步伐踏上少有人走的路，每一步都凝聚着汗水与智慧。这种不懈的努力与持之以恒的坚持，可以铸就我们独特的竞争优势，让我们不仅在个人成长上取得显著成就，更让我们在人群中脱颖而出，最大化地实现自我价值。

在难走的路上，我们可以培育创新思维与能力。当大多数人都沿着同一条路前进时，真正的创新就难以产生。而当我们选择了不同的路径，就为自己的思维打开了全新的可能性。在少有人走的艰难之路上，我们可以自由地思考、试验，甚至犯错。正是这种自由，为我们创造了一个孕育创新的环境。

在难走的路上，我们可以追求内心的真实与自由。在快节奏的现代生活中，人们往往被各种外在因素束缚，难以遵循内心的声音。选择难走的道路，往往意味着对世俗眼光和既有规则的某种程度上的反叛和挣脱。它让我们有机会倾听内心的呼唤，追求那些真正让自己感到快乐和满足的事物。这种对真实的追求，不仅让我们获得了心灵的自由，也让我们的人生更加丰富多彩，充满了无限可能。

总而言之，选择人迹罕至的难走道路，是一种对未知的探索、对自我的挑战、对独特体验的渴望以及对内心真实的追求。它虽然充满艰辛与挑战，但正是这些经历，塑造了更加坚韧、成熟、深刻的我们。在人生的旅途中，不妨勇敢地迈出那一步，去追寻那些只属于自己的风景与故事。

如何在难走之路上前行

人生之路，鲜有坦途，更多的是崎岖与坎坷。那些难走之路上，往往隐藏着成长的契机与生命的真谛。面对这样的道路，我们或许会感到迷茫、恐惧，甚至想要退缩，但正是这些挑战，塑造了更加坚韧、更加完善的自我。那么，我们如何在难走之路上坚定前行呢？

第一，明确目标与愿景。

明确目标与愿景，是内心深处对美好生活的深切憧憬与不懈追求。清晰的目标如同夜空中最亮的星，指引我们在黑暗中前行，即使路途遥远且充满未知，也能保持方向感，不被沿途的风景迷惑。同时，愿景的激励作用不容忽视，它让我们在疲惫与挫败时依然能够看到希望，重拾前行的动力。

第二，培养坚韧不拔的意志。

难走之路必然伴随着挑战与困难，而坚韧不拔的意志则是我们战胜一切困难的法宝。面对挫折与失败，我们应汲取教训，灵活调整策略，而非轻易言败。每一次跌倒都是重新站起的机会，每一次失败都是向成功迈进的一步。我们要相信，只要坚持不懈，总有一天能够跨越重重障碍，到达心中的彼岸。

第三，持续学习与自我提升。

在快速变化的时代，持续学习是提升竞争力的关键要素。难走之路往往伴随着未知与变化，只有不断学习新知识、新技能，才能适应环境的变化，把握机遇。我们要保持一颗好奇心，勇于探索未知领域，将所学知识应用于实践中，通过实践来检验真理，积累经验。同时，也要注重自我反思与提升，不断发现自己的不足与短板，努力弥补，使自己变得更加优秀。

第四，保持积极心态与乐观情绪。

积极的心态与乐观的情绪是我们在难走之路上前行的精神支柱。无论面临何种困境与挑战，我们都应秉持积极向上的心态，坚信自己能够克服一切难关。乐观的情绪会让我们更加从容地应对压力与挑战，发现生活中的美好与希望。同时，我们也要学会调节自己的情绪，保持内心的平静与稳定，以更加饱满的热情和更加坚定的步伐前行。

总之，在难走之路上前行并非易事，意味着我们要付出更多的努力，但它同时也为我们提供了巨大的成长空间和实现梦想的可能性。只要我们有决心、有毅力，并且勇于面对挑战，那么在这条路上，我们将收获更多比其他人更加珍贵的东西。

"难走的路，从来都不拥挤。"这句话不仅是对成功之路的一种描述，更是对我们人生态度的一种启示。我们要勇敢地选择那条少有人走的路，用汗水与智慧铺就自己的成功之路，最终抵达心中的彼岸。

最难走的路，往往都是上坡路

在人生的广袤征途中，我们常常会发现，那些最为崎岖不平、挑战重重的道路，恰恰是引领我们攀登高峰、不断超越自我的上坡路。它们如同自然界中蜿蜒向上的山脉，虽然每一步都需付出额外的努力与汗水，但正是这些艰难与不易，铸就了沿途风景的壮丽与心灵的坚韧。

最难走的路，之所以艰难，是因为它们不仅仅是地理上的升高，更是心灵与意志的磨砺场。在这条路上，每一次喘息都可能成为放弃的借口，但每一次坚持，都是在向着更高处迈进。我们要勇敢地踏上这条上坡路，让生命之树在风雨中茁壮成长，绽放出最耀眼的光芒。

勇攀巅峰，坚韧不屈

《孟子》有云："故天将降大任于是人也，必先苦其心志，劳其筋骨，饿其体肤，空乏其身，行拂乱其所为，所以动心忍性，曾益其所不能。"这句话深刻揭示了"最难走的路，往往都是上坡路"，正是这些挑战，塑造了我们的坚韧与不凡。纵观古今，无数伟人以他们的足迹证明了这一点。

西汉伟大的史学家司马迁，因仗义执言为李陵辩护而遭受宫刑，身心蒙受了巨大创伤。然而，他并未因此被击垮，而是怀揣“究天人之际，通古今之变，成一家之言”的壮志，忍辱负重，历经十余年艰辛，终著成了被誉为“史家之绝唱，无韵之离骚”的《史记》。司马迁用自己的生命诠释了“最难走的路，往往都是上坡路”的真谛。

当代杰出的女性科学家屠呦呦，因发现青蒿素在疟疾治疗中的关键作用，荣获“2015年诺贝尔生理学或医学奖”，这是中国科学家首次因在国内进行的科学研究荣获诺贝尔科学类奖。她的研究之路同样充满了艰辛，无数次实验失败，无数次从头再来，但她始终坚守初心，最终为人类健康事业做出了巨大贡献。屠呦呦的成就，是对“最难走的路，往往都是上坡路”这一信念的又一有力证明。

从心理学角度来看，面对挑战与困难时，人的心理韧性会得到极大的锻炼与提升。上坡路上的每一次跌倒与爬起，都是对心理韧性的磨砺，使我们更加坚韧不拔，更加能够应对未来可能遇到的各种挑战。正如尼采所言：“那些没有杀死你的，都会使你变得更强大。”这正是上坡路赋予我们的精神力量。

从社会学角度来看，上坡路也是社会进步与个人价值实现的桥梁。社会的发展离不开个体的努力与贡献，而个体价值往往也需要通过克服重重困难、攀登一座座高峰来实现。在这个过程中，我们不仅提升了自己的能力与素质，也为社会的进步贡献了自己的力量。正如屠呦呦的成就所展示的，她的研究不仅为人类健康事业做出了巨大贡献，也为中国科学家在国际舞台上赢得了尊重与荣誉。

在人生的旅途中，我们或许会遇到无数条上坡路，它们或许陡峭，或许漫长，但请记得，正是这些路，铸就了我们的坚韧与辉煌。让我们以史为鉴，以梦为马，不畏艰难，勇往直前，因为最难走的路，往往都是通往成功的上坡路。在攀登的过程中，我们终将收获属于自己的辉煌与荣耀。

逆坡而行，心向阳光

在这个世界上，最难走的路往往是上坡路，它不仅考验着我们的体力和意志，更是一次心灵的洗礼和精神的升华。每一步都似乎重重叠叠地累积着各种挑战，每一次上坡都凝聚着汗水与泪水。然而，正是这些坡道，成就了无数辉煌的人生篇章，见证了“逆境成就伟大”的不变真理。

面对陡峭的上坡路，人们往往有两种选择：勇往直前或者畏缩不前。前者将每一步艰难视为通往山顶的必经之路，后者则可能因为恐惧和犹豫而永远无法欣赏到山巅的美景。在成功的旅途中，上坡路象征着困难和挑战，但同样也孕育着成长和机遇。

上坡路是人生奋斗路上的隐喻。正如登山者用脚步丈量山的高度，人生道路上的挑战也需要我们以坚韧和智慧去征服。每位成功者的足迹中，都布满了攀登上坡路的汗水与努力。他们之所以能够站在顶峰，不仅是因为他们拥有超越常人的毅力和勇气，还因为他们懂得在逆境中寻找力量，于挫折中发现希望。这些上坡路，虽然步履维艰，却塑造了他们坚韧不拔的品质，培养了他们解决问题的能力。

上坡路也是内心世界的探寻。真正的挑战往往不是外在的坡道，而是内心的恐惧和不确定。当我们面对未知的高峰时，自我怀疑和焦虑往往会成为沉重的负担。因此，学会调整心态，正视内心的恐惧，将其转化为前行的动力，是攀登上坡路的关键所在。内心的平静和坚定，如同指南针，引导我们在复杂多变的人生旅途中保持方向，使我们能够在每一次跌倒后重新站起，继续前行。

上坡路并非人生的全部，但它确实是人生中不可或缺的一部分。通过这些艰难的攀登，我们学会了坚持和不懈，学会了如何在逆境中成长。当我们回望过去时，那些曾令我们气喘吁吁、心力交瘁的上坡路，如磨刀石一般，磨砺了我们的意志，使我们变得更加坚强和优秀。

上坡路虽然崎岖难行，但只要我们坚持不懈，勇敢向前，这些上坡路终将成为我们通向成功巅峰的阶梯。让我们拥抱挑战，不畏艰难，逆坡而行，心向阳光，让生命在不断的攀登中绽放出最耀眼的光彩。

“最难走的路，往往都是上坡路”这一人生哲理，不仅有着丰富的历史底蕴和深刻的理论支撑，更在现代社会中得到了广泛的验证与实践。无论是历史先贤还是现代精英，他们都在用自己的行动告诉我们：只有勇于攀登、敢于挑战自我、不断创新与超越，才能在人生的道路上走得更远，更稳，更精彩。让我们携手并进，在这条充满挑战与机遇的上坡路上，共同书写属于自己的辉煌篇章。

“舍易求难”是一种理智的权衡

人生的征途中，我们时常面临选择：是安逸地行走在已知且舒适的道路上，还是勇敢地攀登那座看似遥不可及、布满荆棘的高峰？

在面对人生选择与挑战时，一种难能可贵的智慧与勇气——“舍易求难”，往往成为区分平凡与非凡的分水岭与试金石。这不仅是一种勇气的体现，更是理智与远见的深刻权衡，它引领着有志之士穿越安逸的迷雾，攀登至成功的巅峰。

舍易求难：内心成长的炼金术

“舍易求难”，顾名思义，是指在众多选择中主动放弃那些看似轻松安稳的道路，而选择那些充满挑战与不确定性的艰难之路。这并非盲目自虐，而是基于对自我成长的深刻理解和对未来潜力的无限憧憬。它要求我们具备跨越舒适区的勇气，敢于走出熟悉的环境，去探索未知，去迎接挑战。

“舍易求难”并非轻率之举，而是深思熟虑后的明智抉择。它要求我们在短期利益与长期价值之间做出权衡，认识到真正的成长往往蕴藏在那些看似艰难的任务之中。我们的能力与智慧唯有在挑战与磨砺中才能得以升华。拥有长远眼光的人，能够预见到“难”背后隐藏的机遇与收获，从而坚定不移地选择这条少有人走的路。

苹果公司的联合创始人史蒂夫·乔布斯，他的一生就是对“舍易求难”的深刻诠释。在职业生涯的多个关键时刻，乔布斯都选择了那条少有人走的路。面对Macintosh项目的巨大挑战，他拒绝了市场上已有的成熟解决方案，坚持开发全新的图形用户界面，这一决定不仅重塑了个人电脑行业，也深刻影响了后来的科技发展。乔布斯的成功，很大程度上归于他勇于挑战自我、不断突破舒适区的精神。他深知，只有不断追求更难的目标，才能激发出更卓越的创造力与领导力。

作家J.K.罗琳，在创作《哈利·波特》系列之前，她经历了贫困、失业和婚姻破裂等重重打击。然而，正是这些艰难的经历，为她笔下的故事增添了丰富的情感和深刻的内涵。罗琳没有选择逃避或放弃，而是将自己的痛苦转化为创作的动力，最终成就了全球畅销的文学巨著。她的故事告诉我们，“舍易求难”并不意味着一定会成功，但它能让我们在失败中找到新的起点，于逆境中锻造出更加坚韧的自我。

“舍易求难”，是一种深刻的生活哲学和成功之道。它要求我们在安逸与挑战之间做出理智的权衡，选择那条能够激发潜能、促进成长的道路。正如乔布斯和罗琳所展现的那样，只有敢于面对并克服重重困难，我们才能在人生的旅途中收获更多的成长与辉煌。

“舍易求难”，是一种深邃的智慧和勇气，它要求我们在面对选择时敢于挑战自我、拥抱未知。这条道路或许崎岖不平、充满艰辛，但它也是通往卓越与辉煌的必经之路。只有敢于走出舒适区、勇于面对挑战的人，才能在人生的舞台上绽放出最耀眼的光芒。因此，让我们以更加坚定的信念和更加无畏的姿态，去迎接生命中的每一个挑战吧！因为每一次“舍易求难”的抉择，都是我们创造非凡成就的关键一步。

实践“舍易求难”，铺就成功之路

在困境中，人的意志、毅力和解决问题的能力都会得到前所未有的锻炼和提升。正如钻石须经高压高温方能璀璨夺目，人生亦是如此，只有在最艰难的时刻，才能挖掘出最大的潜能。

实践“舍易求难”，不仅是对外在困难的勇敢迎接，更是内心深处对自我超越的不懈追求。这一过程，不仅锻造了人的意志、毅力和解决问题的能力，更在逆境的洗礼下，激发出巨大的潜能，开辟出一条通往成功的非凡路径。

首先，我们要勇于挑战自我极限，踏上跨越舒适区的勇者之旅。

实践“舍易求难”，就要勇于挑战自己的极限。在安逸与舒适中徘徊，只会让人的能力停滞不前，潜能被深深掩埋。而真正的成长，往往发生在跨越舒适区的那一刻。无论是学习一门全新的语言，掌握一项复杂的技能，还是在职场上承担起更具挑战性的任务，都需要我们勇敢地迈出那一步，去尝试，去实践，去超越。

在这个过程中，每一次的尝试都可能是对自我的一次重新定义。在前行的路上，我们或许会遭遇前所未有的挑战，体验失败的苦涩滋味。但正是这些经历，让我们更加清晰地认识到自己的不足，也让我们更加坚定地追求更高的目标。通过不断设定更高的标准，并全力以赴去实现它们，我们不仅能够拓宽自己的能力边界，更能在这一过程中发现自我潜能的无限可能。

其次，我们应锤炼坚韧意志，于困境中坚守信念，实现自我成长与蜕变。

“舍易求难”的旅途，从来不是一帆风顺的。挫折与失败，如同道路上的荆棘与坎坷，时刻考验着我们的意志与毅力。但正是这些看似难以逾越的障碍，可以铸就我们坚韧不拔的品格。面对困难与挫折，我们要学会坚持与不放弃，将每一次的失败视为成长的垫脚石。

在逆境中，我们要学会反思与总结，不断调整自己的策略与方法，以更加坚定的步伐向前迈进。我们深知，唯有历经风雨的磨砺，方能领略到彩虹的璀璨与美丽。因此，我们选择在困难面前不屈不挠，用汗水与泪水书写属于自己的辉煌篇章。

最后，我们应珍惜过程，拥抱变革，于挑战中探寻生命的真谛与价值所在。

在追求“难”的过程中，我们不仅要关注结果的成功与否，更要学会享受其中的过程与乐趣。每一点细微的进步与突破，都是对自我努力的最好回馈；每一次挑战的成功与所得，都是对自我价值的深刻认可。在挑战中，我们可以收获成就感与满足感，可以领悟到生命的真谛与价值所在。

同时，我们还要保持开放的心态，拥抱变化与未知。因为在这个快速变化的时代里，唯有不断适应与创新才能立于不败之地。我们要在变化中寻找机遇与可能，在挑战中不断成长与进步。最终，我们会发现那些曾经看似艰难的旅程，其实正是通往成功的必经之路，而那些在逆境中锻炼出的能力与品质，也将成为我们人生中最宝贵的财富。

总之，"舍易求难"是一种理智的权衡，更是一种对自我超越的执着追求和对未来成功的坚定信念。它要求我们勇于突破自我限制，锻造坚韧毅力，珍惜过程并欣然接受变化。只有这样，我们才能在逆境中不断成长与蜕变，最终铺就一条通往成功的非凡之路。

走最难走的路，做最有挑战的事

在人生的长河中，我们时常面临选择：是安逸地沿着平坦的道路缓缓前行，还是勇敢地踏上那条布满荆棘、挑战重重的道路？正如巴金所言："人不是点缀太平的，而是工作的，正因为有了荆棘，才需要我们在荆棘中开辟道路。"

在追求成功的道路上，往往那些最难走的路、最具挑战的事，才能引领我们达到更高的顶峰。当我们毅然决然地踏上这条征途，便是选择了与自我极限对话，去攀登那些看似不可逾越的高峰，去做那些最富有挑战、最能磨砺意志的事。在这条路上，每一次跌倒都将成为站起的基石，每一滴汗水都将浇灌出成功的花朵。我们深知，唯有经历风雨，方能见到彩虹；唯有跨越重重困难，方能抵达心中的彼岸。

勇者无惧，以挑战铸就非凡

面对困境与挑战，人们的态度常分为两种：一种倾向于回避艰难，寻求安逸；另一种则选择直面挑战，勇于克服。历史和现实不断证明，正是那些敢于走最难的路、勇于做最有挑战的事的人，才能最终取得非凡的成就。

新东方教育科技集团董事长俞敏洪，就以非凡的勇气与智慧，敢于走最难走的路，做最有挑战的事，开辟了一条全新的道路——东方甄选。

作为新东方教育集团的创始人，俞敏洪早已在教育领域深耕细作，取得了卓越的成就。然而，面对互联网时代的汹涌浪潮和教育行业的深刻变革，他不得不重新审视自身的发展道路。在转型的关键时刻，他敏锐地洞察到了直播带货这一新兴业态背后蕴藏的巨大潜力与可能性。在众人不解与质疑的目光中，俞敏洪毅然决定带领新东方踏上转型之路，这无疑是一段充满未知与挑战的艰难旅程。

2021年，东方甄选应运而生，它不仅仅是一个直播带货平台，更是俞敏洪及新东方团队对教育情怀的另一种表达。在这个平台上，老师们不再只是站在讲台上传授知识，而是化身为带货主播，凭借学识、幽默与真诚，为观众带来了一场场新颖独特的购物体验。然而，从教育到电商的跨界，意味着要重新学习市场规则、消费者心理、供应链管理等一系列全新知识，这对于习惯了教书育人的老师们来说，无疑是巨大的挑战。

面对挑战，俞敏洪和他的团队没有退缩。他们坚持“品质为先”的原则，精选优质商品，确保每一件商品都能经得起市场的考验和消费者的检验。同时，他们更是将新东方的文化底蕴融入其中，让直播带货不仅仅是简单的商品销售，更成为一场场文化的交流与碰撞。在东方甄选的直播间里，观众不仅能买到心仪的商品，更能感受到知识的力量与文化的魅力。

转型之路并非一帆风顺，初期遭遇的流量不足、销售不佳等困境，让团队承受了巨大的压力。但俞敏洪始终坚信，只要坚持做正确的事，时间会给出最好的答案。他亲自下场直播，与团队并肩作战，用实际行动诠释了“走最难走的路”的决心与勇气。最终，东方甄选凭借其独特的魅力与不懈的努力，逐渐赢得了市场的认可与消费者的喜爱，成为直播带货领域的一股清流。

俞敏洪创办东方甄选的故事，是对“走最难走的路，做最有挑战的事”这一主题的深刻诠释。它告诉我们，无论身处何种环境，面对何种挑战，只要保持初心，勇于探索，坚持不懈，就一定能够走出一条属于自己的成功之路。东方甄选的崛起，不仅是新东方转型的成功案例，更是对每一位追梦人的鼓舞与激励。

成功从不是一蹴而就的，它需要我们在最艰难的时刻依然保持信心和勇气，不断前行。正如俞敏洪所说：“我们一生有多少事情，是因为我们不敢所以没有去做的。”只有敢于迈出那一步，才能发现更广阔的天地。

走最难走的路，做最有挑战的事，这不仅是对自我的一种挑战，更是对生命的一种尊重。在这条路上，我们或将遭遇诸多困难与挑战，但只要我们坚守信念，勇于前行，不断学习并超越自我，终将开辟出一条通往成功的独特道路。正如俞敏洪所展现的那样，无论起点如何，只要勇于挑战、不懈奋斗，终将迎来属于自己的辉煌时刻。

以创新为翼，探索未知边界

没有人能够一帆风顺地到达成功的彼岸，那些在困境中不断前行的人，才能够见证自己潜力的极限。在追求成功的路上，我们必须迎难而上，选择那些能够让自己成长的艰难道路。同时，我们还需要有不屈不挠的精神，即使身处困境也要坚持不懈，不断超越自我。

"走最难走的路，做最有挑战的事"，这不仅仅是一种态度，更是一种智慧的选择，它要求我们在既定的舒适区之外，以创新的视角和方法，去开拓未知，挑战极限。

第一，进行认知重塑，从"畏惧"到"拥抱"。

我们需要先进行一场深刻的认知革命。面对困难和挑战，大多数人的第一反应往往是逃避或畏惧。然而，真正的勇士懂得，正是这些看似不可逾越的障碍，构成了成长的阶梯。因此，我们要学会将"畏惧"转化为"好奇"，将"不可能"视为"待探索"。这种心态的转变，是踏上艰难旅程的第一步。

第二，进行跨界融合，激发创新思维。

在追求高难度目标时，跨界融合是激发创新思维的有力工具。传统的方法论往往局限于某一领域或思维框架内，而创新的火花却时常发生在不同领域的交汇点。尝试将看似不相关的知识、技术或文化元素进行融合，可能会开辟出全新的路径。比如，科技与艺术的结合，不仅催生了数字艺术的繁荣，也为解决复杂问题提供了新的视角和方法。

第三，进行迭代试错，在失败中成长。

"走最难走的路"意味着前方充满未知，失败在所难免。但关键在于，我们要将失败视为成长的垫脚石，而非绊脚石。采用迭代试错的方法，意味着在实践中不断调整策略，从每次失败中汲取教训，快速迭代，直至找到通往成功的道路。这种灵活应变的能力，是面对高难度挑战时不可或缺的。

第四，构建支持社群，共筑梦想的港湾。

独行虽快，众行致远。在追求挑战的过程中，构建一个同心协力的社群至关重要。这些伙伴可以是同行、导师，甚至是网络上的陌生人。他们的鼓励、经验与资源，是我们前进路上的强大支撑。同时，通过社群的力量，我们可以共同面对挑战，分享成功，形成正向循环，让梦想之舟驶得更远。

第五，进行持续学习，让探索永不止步。

在这个快速变化的时代，持续学习是跟上时代步伐、应对未知挑战的关键。学习不应局限于书本知识，更应包括实践经验的积累、新技能的掌握以及思维方式的拓展。保持一颗好奇心，对未知世界保持敬畏，将学习视为一种生活方式，这样我们才能在不断变化的环境中，始终保持竞争力。

总之，“走最难走的路，做最有挑战的事”不仅是对个人能力和意志的考验，也是对智慧、创新、坚韧和学习能力的综合要求，更是一种生活态度和价值观的体现。在这个过程中，我们会遇到无数的困难和挑战，但正是这些经历塑造了我们的个性，锻炼了我们的能力。让我们勇敢地迈出那一步，选择那条最难走的路，去做那些最有挑战的事，因为只有这样，我们才能不断地超越自我，实现自己的梦想和目标。

第四章

勇者的旅途：难走的路上风景独好

踏上勇者之途，挑战常常如影随形，然而正是这些难走的路，孕育着非凡的价值与美丽的风景。它们不仅锤炼我们的意志，还让我们有机会探索未知，发现世界的独到之处。在这一过程中，我们逐渐理解了挑战的意义，在孤独中发现了力量的源泉，学会了在困境中磨砺自我，不断成长。

同时，我们还学会了如何在难走的路上寻找内心的平衡与力量，从而在面对生活的风雨时，依然能够坚定勇敢地前行。

挑战的意义：难走的路更有价值

“路漫漫其修远兮，吾将上下而求索。”《离骚》里的这句话道出了一条真理：长远而艰难的道路，往往能够引领我们达到更高的境界。在攀登知识的高峰时，那些崎岖不平的山路，往往比平坦的大道更能锻炼我们的体魄和意志。因为在这些路上，我们需要更多的智慧去解决问题，需要更大的勇气去克服困难。

挑战虽难，但其意义深远。难走的路，往往更有价值。它不仅塑造了我们的坚韧品格，引领我们实现自我价值，更是推动社会不断向前发展的强大动力。

挑战塑造坚韧品格

挑战，不仅仅是一种人生考验，更是一次成长的机会。面对挑战，我们的内心世界得以丰富，我们的意志也在磨砺下变得更为坚定。正如古人所言：“玉不琢，不成器；人不学，不知义。”挑战就像是一块磨石，而我们便是那未经雕琢的玉石，只有经历了挑战的洗礼，才能绽放出生命的光彩。

在挑战中，每一次跌倒，都是对毅力的考验；每一次爬起，都是对信念的坚守。挑战，作为人生旅途中不可或缺的元素，深刻地塑造着我们的品格，使我们在风雨中越发坚韧，熠熠生辉。

在挑战中磨砺自我，铸就钢铁意志。人生之路，既有开阔坦途，让人心旷神怡；亦有崎岖峻岭，令人心生畏惧。正是这些不期而遇的逆境，如同自然界中最严酷的试验场，不断磨砺着我们的意志。面对挑战，我们或许会感受到前所未有的压力与恐惧，甚至一度想要放弃。

然而，正是在这些看似绝望的时刻，内心深处的坚韧被逐渐唤醒。正如烈火试金，真金方显其色，我们在逆境中的每一次挣扎与坚持，都是对自我极限的超越，是对“不可能”的勇敢宣战。最终，那些曾经的磨难，化作了我们心中最坚硬的盔甲，让我们在未来的风雨中更加从容不迫。

在挑战中获得成长，拓宽视野，深化自我。挑战不仅是检验意志的重要标准，更是推动个人成长的强大动力。在挑战面前，我们被迫走出舒适区，去探索未知，去学习新知。每一次跨越障碍，都是对自我能力边界的一次勇敢拓展，是对潜能的深度挖掘。

在这个过程中，我们学会了独立思考，学会了在困境中寻找出路，更学会了如何以更加成熟和全面的视角审视世界。挑战还让我们认识到，真正的成长不在于年龄的增长，而在于心智的成熟与视野的拓宽。它教会我们如何在失败中寻找价值，在挫折中汲取力量，使我们在未来的道路上，能够更加稳健地前行。

在挑战中洗涤心灵，学会感恩与珍惜。挑战还是一场心灵的洗礼，它让我们在经历风雨后，更加深刻地理解到生命的真谛与价值。当我们从挑战中艰难走出，回望那段艰难岁月时，会发现那些曾经的困难与挑战，其实都是生命中最宝贵的财富。它们让我们学会了感恩，感恩那些在我们最艰难时刻给予帮助与支持的人，感恩那些看似不起眼的经历，正是它们塑造了今天的我们。

同时，挑战也让我们学会了珍惜。珍惜眼前拥有的一切，无论是亲情、友情，还是爱情，甚至是那些看似平凡的日常，都因为经历过挑战而显得尤为珍贵。这种感恩与珍惜的心态，让我们的心灵得到了真正的升华，也让我们的生活充满了更多的温暖与色彩。

因此，挑战不仅是人生旅途中的绊脚石，更是塑造坚韧品格、促进个人成长的宝贵机遇。它让我们在逆境中学会坚持与不屈，在挑战中拓宽视野、深化自我，更在心灵的洗礼中学会感恩与珍惜。我们要勇敢地迎接生命中的每一个挑战，因为它们终将成为我们人生中最宝贵的精神力量。

挑战引领价值发现

在科技迅猛发展的今天，许多重大的价值创造皆是在挑战中诞生的。无数伟人用自己的经历证明了，那些充满挑战的道路，正是通往价值发现与创造的必经之路。

美国民权运动的领袖马丁·路德·金，毕生都致力于争取黑人的平等权利。面对种族歧视和暴力镇压的严峻挑战，金博士没有退缩，他通过演讲、游行和组织抗议活动等方式，唤醒了美国民众对种族平等的关注和支持。最终，他的努力推动了美国民权法案的通过，为黑人争取到了平等的法律地位和社会权利。金博士的故事证明，挑战是推动社会进步的阶梯。当我们勇敢地站出来，为正义和公平而奋斗时，就能推动社会的进步和发展，让这个世界变得更加美好。

在人生的广阔舞台上，挑战不仅是一场内心的战役，更是引领我们深入探索、实现自我价值，乃至推动社会进步的强大引擎。它宛若一颗璀璨的星辰，指引着我们去探索并领悟更多的价值与深层意义。

首先，挑战是照亮未知的灯塔，给予我们探索未知的勇气。

挑战，总是与未知紧密相连，它们如同茫茫大海中的未知岛屿，等待着勇敢者的探索。正是对未知世界的深切向往与探索欲，驱动着人类持续向前的步伐与动力。在挑战的过程中，我们不再满足于现状，而是勇敢地迈出舒适区，踏入未知的领域。

每一次的探索，都是对自我边界的拓宽，对未知世界的勇敢触碰。我们学会了如何面对不确定性，如何在未知中寻找方向。这种探索精神，正是人类文明得以不断进步的源泉。它促使我们不断发现新知，创造奇迹，为世界的多样性和丰富性增添新的色彩。

其次，挑战是挖掘潜能的钥匙，为我们提供了一个实现自我价值的舞台。

每个人心中都潜藏着无限的可能与力量，而挑战就是那把能够打开潜能之门的钥匙。当我们勇敢地接受挑战，全力以赴地投入其中时，那些原本沉睡的潜能便被一一唤醒。

我们学会了如何超越自我，如何克服恐惧与困难，这些经历不仅让我们收获了成功的喜悦，更让我们对自己的能力有了全新的认识。每一次的跨越与突破，都是对自我价值的一次肯定与提升，让我们在自信与成长的道路上越走越远。

最后，挑战是促进社会进步的阶梯，推动社会的发展与文明的进步。

在历史的长河中，无数伟大的发明与创造，都源于对未知领域的勇敢探索和对既有规则的勇敢挑战。正是这些挑战者，以非凡的智慧和勇气，不断突破传统的束缚，开创新的领域，推动了科技的飞跃，促进了文化的繁荣。

从蒸汽机的发明到互联网的普及，从伽利略的自由落体实验到爱因斯坦的相对论，每一次的挑战与突破，都深刻重塑了人类社会风貌，赋予了生活更多便利与多彩。因此，挑战不仅促进个人成长与自我实现，更是社会繁荣与文明进步的基石。它激励着我们不断追求真理，勇于创新，为构建一个更加美好的未来贡献自己的力量。

挑战作为人生旅途中的重要组成部分，引领我们探索未知、实现自我价值、推动社会进步。在挑战的过程中，我们学会了勇敢、坚持与创新，这些宝贵的品质将伴随我们一生，成为我们不断前行的动力源泉。因此，让我们拥抱挑战，以积极的心态去面对生活中的每一个困难与挫折，相信在挑战的背后，定会有更加美好的风景等待着我们。

孤独的风景：少数人的探索与发现

在茫茫人海中，总有一些人，他们不畏孤独，不惧未知，选择踏上少有人走的路，去探寻那些隐藏在世间角落的绝美风景。这些风景，不仅是地理上的奇观，更是心灵深处未被触及的净土，是少数人以勇气、智慧和坚持换来的独特体验与深刻领悟。

他们是时代的勇者，以非凡的勇气、坚定的信念和不懈的努力，书写着属于自己的传奇。这些少数人的探索与发现，不仅推动了人类文明的进步，更照亮了后来者前行的道路。

内心世界的深度挖掘

有的人安于现状，有的人则不满足于既定的轨迹，不畏艰难险阻，选择踏上少有人走的路。这条路，或许崎岖不平，布满荆棘，但正是这份不同寻常，赋予了旅途以非凡的意义与无尽的风景。

以科学领域为例，爱因斯坦在提出相对论之际，遭遇了前所未有的科学挑战。他的理论不仅挑战了当时的主流科学观点，甚至在一开始便遭到了同行的质疑和反对。然而，正是这种敢于挑战传统的勇气，最终使他成为物理学史上的一位伟大科学家。同样地，居里夫人在研究放射性元素时，不仅设备简陋，而且面临着巨大的健康风险。但她没有放弃，最终两次获得诺贝尔奖，为人类打开了放射性研究的新纪元。

特斯拉CEO埃隆·马斯克，他的每一次创新尝试都像是在挑战人类认知的极限。面对航天领域的重重困难，他毅然决然地投入火星殖民的宏伟计划中。在旁人来看，这简直是天方夜谭，但马斯克坚信："如果事情很容易，那就不会有人去做。"他的孤独之旅，是对未知世界的无畏探索，是对人类潜能的极致挖掘。在无数次失败与重启中，他不仅推动了航天技术的革新，更激发了全球对太空探索的热情，让人类离火星梦更近了一步。

提到詹姆斯·卡梅隆，人们首先想到的是《泰坦尼克号》与《阿凡达》的辉煌成就，但鲜为人知的是，他还是一位深海探险家。卡梅隆对未知的渴望并未止步于银幕之上，他亲自设计并驾驶潜水器"深海挑战者"，下潜至马里亚纳海沟的最深处，成为首位孤身抵达地球最深海沟的探险者。这次探险，不仅让他见证了深海世界的奇异景象，更推动了深海科学研究的发展，让我们对地球的认识又迈进了一步。卡梅隆的故事告诉我们，难走的路往往藏着最宝贵的风景，而那些勇于探索的人，终将收获超越想象的喜悦与成就。

正是这些少数人的坚持与努力，让我们看到了不一样的世界，体验到了前所未有的震撼与感动。他们在艰难的孤独之旅中收获的，不仅仅是个人的成功与荣耀，更是对人类文明的贡献与推动。

在人生的旅途中，孤独往往是通往深刻自我认知的必经之路。

选择难走的路，往往意味着要面对更多的孤独时刻。这些时刻，引领着我们深入内心的宇宙，探索那些未曾触及的角落。正如尼采所言:“那些没有杀死你的，都会使你变得更强大。”

难走的孤独之旅，往往伴随着对自我极限的挑战。无论是攀登珠穆朗玛峰的勇士，还是穿越撒哈拉沙漠的探险家，他们都在不断突破身体与心理的极限中，实现了从平凡到非凡的蜕变。这些挑战，不仅仅是外在环境的考验，更是内心意志的磨砺。每一次跌倒后的爬起，每一次绝望中的坚持，都是对自我能力的重新认识与提升。在这个过程中，我们学会了坚韧不拔，也收获了前所未有的成就感与自信心。

难走的孤独之旅，最终引领我们走向的是内心深处未曾发现的宝藏——真正的自我。在这个充满喧嚣与浮躁的世界里，人们往往容易迷失方向，忘记自己的初心与梦想。而那条鲜有人迹的路径，宛若一把密钥，引领我们开启通往心灵深处真实世界的大门。在探索与发现的过程中，我们逐渐认清自己的兴趣、潜能与价值所在，找到了属于自己的使命与道路。这份自我发现，是任何物质财富都无法比拟的。

在这个充满变数的时代，我们每个人都有可能成为那个少数，去追寻属于自己的独特风景。或许前路漫漫，充满未知与挑战，但请记住，正是这些看似艰难的经历，塑造了更加坚韧的我们。让我们以爱因斯坦、埃隆 · 马斯克和詹姆斯 · 卡梅隆为榜样，勇敢地迈出那一步，去探索、去发现、去创造属于自己的精彩人生。因为，难走的路上风景独好，而那份独属于探索者的喜悦与成就感，是任何语言都难以完美表达的。

社会边缘的创新探索

在人类文明的长河中，那些看似不起眼的边缘地带，往往隐藏着推动社会进步的巨大潜能。正如深海中的珊瑚礁，虽远离阳光直射，却能孕育出五彩斑斓的生态奇观；那些被主流社会暂时遗忘或忽视的角落，也往往蕴藏着创新的种子，等待着勇敢的探索者去发掘、去培育。这些边缘地带的创新探索，不仅挑战了现有的认知边界，更深刻地重塑了社会的价值体系，引领着我们迈向更加繁荣、可持续的未来。

第一，从孤独探索中汲取边缘创新的力量。

社会的快速发展常常催动着边缘领域的蓬勃发展。这些领域，因为种种原因，曾被主流社会忽视或排斥，但正是这些边缘地带，孕育了无数创新与变革的可能。少数勇敢的探索者，他们不畏世俗的眼光，敢于挑战既有的认知与规则，以独特的视角审视世界，从而发现了新的机遇与可能。

比如，互联网技术的诞生，便是边缘创新的一个典型例证。起初，它只是军事和科研领域的小众技术，远离大众视野。然而，正是那些敢于冒险、勇于探索的先驱者，将互联网技术引入民用领域，彻底改变了人类的生活方式。从社交媒体到电子商务，从在线教育到远程办公，互联网技术的广泛应用，不仅极大地提高了社会效率，也极大地丰富了人们的精神世界。这一系列的变革，无一不彰显着边缘创新所蕴含的巨大力量。

第二，从孤独探索中获得价值重塑的启示。

难走的路，往往伴随着对既有价值观念的挑战与重塑。传统的观念往往根深蒂固，难以撼动，但正是这些少数人的探索与发现，让我们看到了另一种可能。他们通过实际行动，证明了那些曾经被视为“不可能”的事情，其实只是因为我们未曾尝试。这种对价值的重塑，不仅丰富了我们的精神世界，也为社会的发展注入了新的活力与希望。

以环保领域为例，鉴于环境问题的日益加剧，传统发展模式已面临严峻挑战，难再持续。此时，一些具有前瞻性的探索者开始尝试绿色、低碳、循环的发展路径。他们依托技术创新与模式革新，既达成了经济效益与环境保护的和谐共生，也为全球可持续发展贡献了中国的独特智慧与解决方案。这种对价值观念的重塑，不仅提升了人类社会的整体福祉，也为未来的可持续发展奠定了坚实的基础。

第三，从孤独探索中积累推动社会发展的智慧。

少数人的探索与发现，其影响力往往远超预期。他们的成功，不仅为自己赢得了荣誉与尊重，更为后来者树立了榜样，激发了更多人的探索欲望与创新精神。这种连锁反应，如同滚雪球一般，不断推动着社会的进步与发展。更重要的是，这些探索与发现，往往能够触及社会的深层问题，为解决社会问题提供新的思路与方案。

比如，在教育领域，一些教育创新者通过引入项目式学习、翻转课堂等新型教学模式，打破了传统教育的束缚，培养了学生的创新思维和实践能力。这些创新举措不仅优化了教育质量，更为培育未来社会的中坚力量打下了牢固的基础。它们的成功，不仅赢得了社会的广泛赞誉，更为后来的教育改革提供了宝贵的经验和启示。

难走的路上风景独好，这不仅是对少数探索者勇敢精神的颂扬，更是对人生价值与意义的深刻思考。在这条路上，我们学会了面对孤独、挑战极限、发现自我；我们见证了边缘创新的力量、价值重塑的启示以及深远的社会影响。每一次选择难走的路，都是对自我潜能的一次挖掘，对生命意义的一次探索。让我们勇敢地迈出步伐，去追寻那些少有人见的风景吧！因为在那条路上，有着我们最真实、最动人的故事与梦想。

成长的阶梯：在困难中磨砺自我

在人生的旅途中，我们如同一群勇敢的攀登者，面对无数蜿蜒曲折的山路，每一步都踏在未知的山石上。而在这条漫长而又充满挑战的道路上，困难便是我们成长的阶梯，等待着我们去攀登、去征服。

每一次跨越困难的努力，都是对自我极限的一次挑战；每一次在困境中的坚持，都是对成长之路的一次深刻磨砺。正是这些看似艰难的阶梯，引领着我们一步步向上，让我们的心灵更加坚韧，视野更加开阔，最终成就那个更加成熟、更加优秀的自己。

因此，我们要具备一颗勇敢而坚定的心，在困难中磨砺自我，将每一个困难都视为通往更高境界的阶梯，勇敢地攀登，不懈地追求，直至抵达梦想的彼岸。

困难是成长的催化剂

史蒂芬·霍金，这位伟大的理论物理学家，以其对宇宙起源和黑洞理论的卓越贡献闻名于世。然而，他的成长之路充满了常人难以想象的困难与挑战。

21岁时，史蒂芬·霍金被确诊为患有肌萎缩侧索硬化症（ALS），医生预测其生命或仅余两年。面对这突如其来的噩耗，史蒂芬·霍金非但未屈服，反将此逆境视为自我磨砺的契机。病情渐重，他虽失却行动自如的能力，却凭借轮椅与电脑语音设备，继续传递智慧与思想。但正是这样的困境，激发了他对宇宙奥秘更加深邃的探索欲望。

史蒂芬·霍金在轮椅上完成了《时间简史》等多部畅销科普著作，用通俗易懂的语言向公众普及了复杂的宇宙理论，激发了无数人对科学的兴趣与热爱。

史蒂芬·霍金的故事告诉我们，即使身体受限，精神的力量也能让我们攀登到成长的高峰。他用他的一生证明了，真正的成功并非取决于身体的强健，而是心灵的坚韧与不屈。这是一段在逆境中不断磨砺自我、追求知识与真理的无限旅程。

在人生的长河中，我们每个人都是航行者，驾驶着各自的船只，穿越波涛汹涌的海域。而那些看似不可逾越的困难与挑战，往往成为我们成长道路上最坚实的阶梯。它们悄然推动着我们向更高远的目标迈进，让我们在磨砺中学会坚韧，在挑战中拥抱蜕变。

我们必须认识到，困难并非生活的阻碍，而是成长的催化剂。我们的心灵与能力需在困境中经受考验，方能绽放出耀眼的光芒。每一次跌倒，都是重新站起的开始；每一次失败，都蕴含着成功的种子。因此，在面对困难时，我们要保持积极的心态，将其视为成长的契机。

困难还是激发我们潜能的钥匙。困难逼迫我们走出舒适区，去探索未知，去挑战自我。在这个过程中，我们逐渐发掘出了自己未曾发现的潜能，掌握了新的技能，并显著提高了解决问题的能力。正如蝶蛹蜕变，不经历挣扎的苦楚，便无法迎来展翅高飞的幸福时刻。正是这些看似艰难的经历，让我们变得更加强大，更加自信。

更重要的是，困难还塑造了我们的品格。在逆境中，我们学会了坚持与不屈，学会了在绝望中寻找希望，在困境中保持乐观。这种坚韧不屈的精神，不仅能够帮助我们渡过眼前的难关，更能在未来的道路上，为我们提供源源不断的动力与勇气。

当我们站在人生的高处回望来时路时，就会发现，那些曾经看似不可逾越的困难与挑战，已化作脚下坚实的基石，支撑着我们站得更高、看得更远。正是这些困难，磨砺着我们的意志，锤炼着我们的能力，让我们在逆境中学会了坚持与成长。它们不仅是成长的催化剂，更是心灵深处那份不屈不挠精神的源泉。

磨砺自我，攀登成长的阶梯

人生如逆旅，我亦是行人。行走在人生的道路上，挫折与困难犹如脚下的绊脚石，阻碍了我们前进的步伐。然而，正是这些磨难铸就了我们坚韧不拔的品质，让我们在成长的道路上不断攀登，直至巅峰。

成长是一场漫长的旅程，每一步都充满了未知与挑战。在这个过程中，我们不仅要面对外在的艰难险阻，更要克服内心的恐惧与不安。只有历经生活的洗礼，我们方能铸就坚韧之心，更加无畏地迎接人生的波澜起伏。

在困难中磨砺自我，意味着我们要有勇气面对自己的不足和失败。每个人在成长过程中都不可避免地会遭遇失败，但正是这些失败为我们提供了宝贵的经验和教训。比如，著名科学家爱迪生，在发明电灯的过程中历经了数以千计的尝试与挫败，但他从未放弃，而是将每一次失败都视为通往成功的一步。他的坚持和毅力最终让他创造出了能够改变世界的伟大发明。如果我们能够像爱迪生一样，将每一次失败都看作向成功迈进的一步，那么我们就能够在挫折中积累力量，最终到达成功的彼岸。

在困难中磨砺自我，意味着我们要不断学习，不断提升自己。在这个飞速发展的时代，知识更迭之速超乎我们的预料。如果我们停滞不前，就会被时代的浪潮淘汰。因此，我们需要持续提升自我，掌握新知识与新技能，以灵活应对世界之万变。这不仅能够帮助我们在职场上保持竞争力，更能够让我们在人生的道路上走得更远。

在困难中磨砺自我，意味着我们要有一颗感恩的心。在我们成长的过程中，不乏家人、朋友、师长乃至陌生人的援手，他们如同明灯，照亮我们前行之路。因此，我们应铭记恩情，对帮助过我们的人心怀感激，更应将这份温暖传递，回馈社会，让爱心之光照亮更多角落。

在困难中磨砺自我，意味着我们要有永不言败的韧性。坚持不懈，是通往梦想彼岸的必经之路。这既需宏伟目标的引领，更需脚踏实地、持之以恒的努力与毅力。无论遇到多大的困难和挑战，我们都不能轻易放弃，而要学会从困难中汲取力量，让自己变得更加坚韧和强大。

成长之路并非一帆风顺，而是充满了荆棘与坎坷。但正是这些困难与挑战，塑造了我们坚韧不拔的品格，让我们在逆境中茁壮成长。我们要以坚定的信念、勇敢的心，去迎接每一个挑战，攀登成长的阶梯，直至达到人生的巅峰。

心灵的慰藉：在难走的路上寻找内心的平衡与力量

在人生的旅途中，每个人都会遇到那条看似艰难无比、布满荆棘的道路。这些时刻，仿佛是生命对我们坚韧与智慧的考验，让我们在风雨中摇曳，却也渴望有一束光，引领我们前行。

正是在这样的境遇下，我们渴望得到“心灵的慰藉”，渴望在难走的路上寻找到内心的平衡与力量，在逆境中绽放出属于自己的耀眼光芒。难走的路，是一段关于自我发现、成长与超越的旅程，每一步都蕴含着对生命的深刻理解与珍视。

在挑战中重塑自我认知

我们每个人都是独一无二的行者，背负着各自的梦想与重负，踏上了那条既熟悉又陌生的人生之路。这条路是勇者的旅途，时而平坦宽广，让人心旷神怡；时而蜿蜒曲折，布满荆棘与坎坷。

在勇敢之旅中，正是这些难以预料的挑战，塑造了我们的坚韧与不屈，让我们在逆境中寻得心灵的慰藉，发现内心深处的无限力量。

承认脆弱，是勇敢之旅的起点。在社会的期待和自我设定的标准下，我们常常被迫戴上坚强的面具，隐藏起内心的脆弱与不安。然而，真正的勇气并非永不言败，而是敢于直面自己的脆弱，承认自己的不完美。

当我们敢于卸下防备，正视自己的恐惧与无助时，才能为心灵腾出空间，让爱与理解得以渗透。每一次的脆弱展现，都是自我成长的契机，它让我们更加真实，也让我们学会了同情与接纳。

静水深流，倾听内心的声音。在喧嚣的世界中，我们往往被外界的声音淹没，忘记了倾听自己内心的声音。那是一种深邃而细腻的存在，它在我们最孤独、最迷茫的时刻给予我们指引。

我们可以尝试在忙碌之余，找一个安静的角落，闭上眼睛，深呼吸，让心灵回归平静。在这份宁静中，与自己对话，问问自己真正想要的是什么，什么才是对自己最重要的。只有当我们能够清晰地听见内心的声音时，才能做出真正符合自己意愿的选择。

审视自我，重塑自我认知。面对挑战与困境，反思与自省是我们不可或缺的伙伴。它们像是一面镜子，让我们看清自己的不足，也让我们发现自身的闪光点。不要害怕面对自己的失败与错误，因为它们是我们成长的催化剂。

通过反思，我们可以汲取过往经验和教训，以防再次陷入误区；通过自省，我们可以增强自我认知，明确未来的方向。每一次的反思与自省，都是对自我的一次深度挖掘，让我们在迷雾中找到一丝光亮，照亮前行的道路。

在挑战中汲取内心力量

在挑战中觉醒的心灵，如同被春雨滋润过的种子，开始破土而出，茁壮成长。当我们勇敢地迈出那一步，将内心的力量转化为实际行动时，生命的奇迹便开始上演。

第一，接纳与释放，寻找内心的宁静。

接纳，是内心平衡的关键。它意味着我们要学会接受生活中的一切，无论是喜悦还是悲伤，成功还是失败。当我们能够全然接纳自己的现状，不再抗拒或逃避时，内心的冲突与挣扎就会逐渐消散，取而代之的是一份宁静与平和。同时，释放也是必要的。学会放下那些不愉快的情绪或记忆，让心灵得到解脱，从而有更多的空间去容纳新的可能性与希望。

第二，感恩与珍惜，培养积极的心态。

在人生的旅途中，我们总会遇到许多给予我们帮助与支持的人，也会经历许多美好的瞬间。培养一颗感恩的心，让我们能够时刻铭记这些温暖与光明，从而在遇到挑战时更加坚韧不拔。同时，珍惜眼前的一切，无论是人与人的关系，还是生活中的每一个小确幸，都能让我们的内心充满力量与希望。积极的心态，是我们面对困难时最宝贵的武器，它让我们相信，无论前路多么崎岖，总有办法克服，总有光明在前方等待。

第三，成长与学习，不断充实自己。

成长与学习是我们在这一场永无止境的人生旅程中最宝贵的伴侣。无论是专业领域的知识积累，还是个人修养的提升，持续的学习都能让我们的内心变得更加丰富与强大。通过阅读、旅行、交流等方式，我们可以拓宽视野，增长见识，学会从不同的角度看待问题，从而在面对挑战时拥有更多的应对策略与选择。同时，成长也意味着不断挑战自我，超越自我，让我们在每一次的尝试与突破中，都能感受到内心的力量与成长的喜悦。

第四，坚持与信念，照亮梦想的彼岸。

坚持与信念是我们到达梦想彼岸的不竭动力。在追求梦想的路上，挫折与失败总是如影随形，但只要我们坚守信念，持之以恒，就一定能够跨越重重障碍，实现自己的目标与理想。梦想不会自动成真，它需要我们用汗水与泪水去浇灌，用坚持与信念去守护。当我们回首过往，会发现那些艰难时刻早已化作人生中最珍贵的记忆与财富。

总之，在难走的路上寻找内心的平衡与力量，是一场深刻而持久的修行。它要求我们不断地探索自我，勇于面对挑战，同时保持一颗平和、感恩的心，积极学习成长，并与他人建立深厚的情感连接。

第五章

格局与视野：站在山顶看风景，站在高处看世界

站在山顶，我们不仅能领略到壮丽的风景，更能感受到一种超脱世俗的宁静与宽广。这正如我们的格局与视野，只有当我们勇于攀登，站在更高的位置，才能看到更远的风景，拥有更广阔的视野。我们要具备高远的格局与视野，学会站在山顶看风景，将生活的点滴融入更宏大的画卷之中，让世界因此而更加丰富多彩。

放大格局，以宽广的胸怀拥抱世界

在这个纷繁复杂的世界里，我们每个人都是自己生命旅程的航行者，面对波涛汹涌的大海，有的人选择畏缩在船舱之中，只敢透过小小的窗户窥视外面的世界；有的人则勇敢地站在甲板上，迎着风浪，以宽广的胸怀去拥抱整个海洋。这两种截然不同的态度，恰恰成为格局大小的鲜明体现。

格局，是一个人看待事物、处理问题的眼界和胸襟，它直接决定了我们能够走多远，飞多高。放大格局，不仅是对自我成长的追求，更是以更加开放和包容的心态去拥抱这个多彩的世界。

格局之大，在于超越自我

格局的大小，从根本上说，是一个人是否能够超越自我、摆脱狭隘的思维模式和视野限制的体现。这种超越并非易事，它要求个体在认知、情感和行为层面都进行深刻的转变。在日常生活中，我们时常会遇到那些总是抱怨环境不公、指责他人过错的人，他们似乎从未真正静下心来反思自己的问题和不足。这样的人，其格局之狭小，就如井底之蛙，被牢牢地束缚在了那一片井口大小的天空之中，无法看到更加广阔的世界。

相比之下，那些真正拥有大格局的人，则展现出了截然不同的风貌。他们懂得如何进行深刻的自我反省，清楚地认识到自身的局限所在，并且会不遗余力地寻求突破和成长的机会。我们深刻地意识到，在人生的旅途中不断地挑战自我，勇于超越现有的界限，才能够走得更远，飞得更高。这种自我反省和寻求突破的过程，需要我们拥有足够的勇气和智慧，去勇敢地面对自己的弱点和缺陷，坦诚地承认自己的无知和错误。

然而，超越自我并不是一件轻而易举的事情。它需要我们克服内心的恐惧和抵触，勇敢地走出舒适区，去迎接那些未知的挑战和机遇。在这个过程中，我们可能会遭遇失败和挫折，但正是这些艰难而痛苦的经历，才让我们变得更加坚韧不拔和成熟稳重。当我们开始尝试站在他人角度去思考问题，当我们学会倾听那些不同的声音，当我们愿意放下那些固有的偏见和执念时，我们的格局将会在悄无声息中得到极大的提升。

格局之大，还体现在我们能够拥有更加远大的目光，看到更加遥远的未来。正如那句广为流传的话："心有多大，舞台就有多大。"一个人如果总是被眼前的利益得失局限，那么他的道路注定是走不远的。而那些能够放眼长远并敏锐地捕捉到未来趋势和机遇的人，往往能够在人生的道路上走得更远，行得更稳。

今日的每一份努力和奉献，都是为了迎接明天更加丰厚的成果。眼前的困难和挑战，只不过是通往成功路上必经的暂时考验。因此，我们应当在此刻倾注更多的努力和汗水，以换取未来更加美好的生活和事业。这种远大的目光和坚定的信念，正是大格局之人所具备的独特魅力。

以宽广的胸怀拥抱世界

放大格局，不仅仅是为了个人的成长和进步，也是为了更好地与世界相处，以更加宽广的胸怀去拥抱这个多元而复杂的社会。在这个全球化的时代，我们比以往任何时候都需要具备宽广的胸怀和包容的心态。

宽广的胸怀，首先体现在对多样性的尊重和理解上。这个世界之所以美丽，是因为它充满了各种各样的色彩和声音。各异的人群、多彩的文化、不同的观念，共同构成了这个多元化且充满活力的世界。如果我们总是以自己的标准去评判他人，以自己的价值观去衡量一切，那么我们就会失去欣赏这个世界美好的能力。当我们学会放下偏见，以更加开放的心态去接纳和理解不同的文化和观念时，我们就会发现，这个世界其实比我们想象得要更加宽广和深邃。

拥有宽广的胸怀，还意味着我们要有包容和宽恕的力量。遇到伤害与挫折时，如果我们总是耿耿于怀，无法释怀，那么这些负面的情绪就会像一座座大山一样压在我们的心头，让我们无法前行。如果我们能够选择宽恕和包容，放下那些不必要的怨恨和纠葛，那么我们的心灵就会变得更加轻松和自由。宽恕他人，其实也是在宽恕自己；包容他人，其实也是在包容这个世界的不完美。

当然，以宽广的胸怀拥抱世界，并不意味着我们要对所有的事物都持无所谓的态度。相反，它要求我们在保持开放和包容的同时，也要有自己的立场和原则。在面对是非曲直、善恶分明的问题时，我们要敢于表明自己的态度，坚守自己的底线。这样的宽广胸怀，才是有力量、有温度的。

放大格局，以宽广的胸怀拥抱世界，是一种生活的智慧，也是一种人生的境界。它使我们在纷扰喧嚣的世界中保持坚定，也让我们在错综变化的人际关系中保持真诚。当我们学会了这样的生活态度，我们就会发现，这个世界其实比我们想象的要更加和谐和美好。因为在这个世界里，有着无数和我们一样，努力放大格局、以宽广胸怀去拥抱一切的人。他们用自己的行动和言语，传递着爱、希望和力量，让这个世界变得更加美好和光明。

在放大格局、拥抱世界的过程中，我们也会遇到各种挑战和困难。有时候，我们会因为自己的无知和偏见而陷入困境；有时候，我们会因为外界的压力和诱惑而迷失方向。但只要我们始终保持一颗谦逊和学习的心，愿意不断反思和成长，那么我们就可以走出一条属于自己的道路，实现自我超越和生命的价值。

放大格局，不仅仅是为了看到更远的风景，更是为了拥有更加宽广和深邃的内心。当我们站在高山之巅，俯瞰群山时，我们会发现，那些曾经困扰我们的琐事和纷争，都变得如此渺小和微不足道。而当我们以宽广的胸怀去拥抱这个世界时，我们也会发现，那些曾经让我们痛苦和挣扎的经历，都成为我们成长道路上宝贵的财富。

放大格局、以宽广的胸怀拥抱世界，并不是一件容易的事。它需要我们付出努力、经历挫折、不断反思和成长。但只要我们愿意坚持下去，愿意用自己的行动去践行这一理念，那么我们就一定能够收获一个更加美好、更加宽广的人生。因为在这个过程中，我们不仅提升了自己的格局和胸怀，更学会了如何去爱、如何去包容、如何去理解这个多彩而复杂的世界，而这才是人生中最宝贵的财富和最高的境界。

拓宽视野，站在高处俯视人生难题

在人生之旅中，我们会不断地遇见各种难题和挑战。这些难题，如同崇山峻岭，横亘在我们前进的道路上，让我们感到迷茫、困惑，甚至想要放弃。然而，正是这些难题，塑造了我们的坚韧和毅力，让我们在挣扎中成长，在困境中觉醒。为了更好地面对和解决这些人生难题，我们需要拓宽视野，站在高处俯视它们，以一种全新的视角来审视和思考。

拓宽视野，打破认知的局限

人的认知是有限的，它受到时间、空间、个人经验、已有知识和众多外部环境的制约。在日常生活和工作的方方面面，我们经常会碰到各种复杂的问题和严峻的挑战。在面对这些问题时，我们常常会发现自己的思维仿佛被牢牢地固定在一个狭窄的框架内，无法快速找到新的突破口。此时，拓宽视野、打破思维的局限，对突破当下困境有着极为重要的推动作用。

拓宽视野，首先意味着要勇敢地跳出自己的舒适区，主动接触和了解那些原本不熟悉，甚至完全陌生的领域和知识。这需要我们具备一种探险家的精神，敢于踏入未知的“丛林”，去寻找那隐藏的“宝藏”。在这个过程中，我们会遇到各种新奇的事物和不同的观点，它们就像催化剂一样，点燃我们的好奇心和求知欲，驱使我们深入思考并积极展开探索。而正是这些不断的思考和探索，使我们的思维变得更加活跃、开放和富有创造力。

同时，拓宽视野也意味着要学会从不同的角度和层面去看待和分析问题。一个问题可能有多个方面和多个解决方案。当我们只从一个固定的角度去看待问题时，很容易陷入片面和偏激的思维模式，无法看到问题的全貌。当我们学会从不同角度、不同立场去思考时，就会发现原来问题还可以有这样或那样的看法和解决方式。这种多角度、深层次的思考方式，可以锻炼我们的思维，提升思维的灵活性。

此外，拓宽视野还需要我们保持一颗谦逊和开放的心。我们要直面自己的缺点与不足，从他人身上学习，虚心接纳他人有用的想法和建议。在这个世界上，每个人都有自己的长处和短处，没有人能掌握所有的知识和技能。当我们愿意以谦逊的态度去向那些在某些方面比我们优秀的人学习时，就会发现原来自己的认知边界还可以不断扩展，自己的世界还可以如此宽广和多彩。

总的来说，拓宽视野的过程是一次心灵的旅行。在这个过程中，我们会看到更多的风景，遇到更多有趣的人和事，经历更多丰富多彩的事情。而这些风景、人和事都会成为我们人生中宝贵的财富和经验积累，让我们的内心变得更加丰富、深邃和成熟。通过不断地拓宽视野，我们可以更好地认识自己、理解世界，并在不断地学习和成长中实现自我超越和进步。

站在高处，以全新的视角审视人生难题

面对人生难题，我们要站在高处，以全新的视角来审视。站

在高处，意味着我们要跳出问题的本身，从一个更加宏观、更加全面的角度来审视它，仿佛从山顶俯瞰山谷，一切细节都尽收眼底，而不再是迷失在错综复杂的林间小径上。

站在高处审视人生难题，首先可以帮助我们看清问题的本质。很多时候，我们之所以觉得某个问题难以解决，是因为我们容易被表面现象迷惑，如同被浓雾笼罩，无法看清前方的道路。而当我们站在高处时，就可以拨开云雾见青天，看透问题的本质，发现原来问题并没有那么复杂，解决起来也没有那么困难，只需要换一种思维方式，这些问题就可以迎刃而解。

站在高处审视人生难题，还可以让我们看到更多的可能性。当我们陷入某个问题时，往往只会看到眼前的一条路，而忽略了其他的路径和选择。而当我们站在高处时，就可以俯瞰全局，看到更多的出路和解决方案。这时，我们会发现，原来问题还有另一种解决方法，还可以有这样的转机，而这些新的可能性往往能为我们带来意想不到的收获。

站在高处审视人生难题，更需要我们时刻保持一颗平常心。很多时候，我们在面对问题时之所以会感到焦虑、困惑，是因为我们的心被问题牵绊，无法跳出来看待它。而当我们站在高处时，就可以以一种更加超然的心态来看待问题，如同一位智者静观世事变迁，不为所动。这时我们会发现，原来问题并没有那么可怕，我们也没有那么无助，因为我们拥有了更高的视角和更广阔的心胸。

站在高处的过程，就像是一次心灵的升华。在这一过程中，我们会意识到自己的渺小，也会见识到世界的伟大。我们会明白，人生中的难题和挑战，只是我们成长道路上的磨砺和考验。而我们，正是在这些磨砺和考验中，逐渐变得坚强和成熟，学会了如何在风雨中屹立不倒。

拓宽视野和站在高处，并不是一蹴而就的过程。它们需要我们付出努力和时间，不断地学习、思考和实践。我们要像攀登者一样，一步步地向上攀登，才能到达那高耸入云的山顶。当我们真正做到时，就会发现，原来人生中的难题和挑战，并不是那么难以解决。相反，它们会成为我们成长道路上的垫脚石，让我们站得更高、看得更远，拥有更加广阔的视野和更加深邃的思想。

在这个过程中，我们也会逐渐明白一个道理：人生中的难题和挑战，并不是为了让我们屈服和失败，而是为了让我们成长和觉醒。它们是我们人生道路上不可或缺的伙伴，陪伴着我们走过每一个阶段，见证着我们的成长和蜕变。就像一位严师，用难题和挑战来锤炼我们的意志和智慧，让我们变得更加坚韧和聪明。

所以，当困难和阻碍出现在我们眼前时，不要惶恐、不要逃避。我们应该勇敢地迎接它们，用宽阔的视野和俯瞰的视角来审视它们。这样，我们就会发现，原来这些难题和挑战并没有那么可怕。而我们，也正是在这个过程中，逐渐成为更好的自己，拥有了更加丰富的人生经验和更加深刻的生命感悟。

人生如攀峰，难题似险阻。拓宽视野路，高处俯视通。愿我们都能在人生的旅途中，勇敢地拓宽视野，站在高处俯视那些曾经让我们困惑和迷茫的难题。这样，我们的人生就会变得更加宽广和精彩。而我们自己，也会在这个过程中，逐渐成长为一个更加坚强、更加成熟的人，拥有一个更加美好的未来。

选择有共同价值观的人一同前行

在职业发展、人际交往或是日常生活中，我们经常会面临各种抉择，而每一个抉择都可能深刻地影响我们的未来。在这漫长的旅程中，有一种选择显得尤为重要，那就是选择与谁同行。与有共同价值观的人一同前行，不仅能够为我们的生活增添色彩，更能在关键时刻为我们提供支持和动力。

选择与谁同行：共同价值观的力量

在每个人生阶段中，我们总会遇见携手前行的伙伴。他们或许是我们的家人、朋友、同事，或者是偶然相识的陌生人。每个人都带着自己独特的背景、经历和价值观，与我们产生交集。然而，在这众多的人际关系中，与有共同价值观的人建立深厚的联系，往往能够为我们带来更加深远和积极的影响。

共同价值观是人与人沟通的基石。它超越了表面的礼貌和客套，深入彼此对世界的认知、对生活的态度以及对未来的追求。当我们与有共同价值观的人相处时，会发现彼此之间的交流和互动更加自然和顺畅。我们不需要刻意解释或掩饰自己的想法和感受，因为对方往往能够理解和共鸣。这种默契和共鸣不仅让我们的交往更加愉快，也为我们提供了更多的机会和可能性。

共同价值观在一定程度上可以更好地激励我们前行。当我们身边的人都持有相似的信念和追求时，我们会更容易受到鼓舞和启发。他们的成功和成就会成为我们的榜样和动力，推动我们不断前进。同时，在面对困难和挑战时，共同价值观也会成为我们团结一心、共同攻克难关的纽带。它坚定了我们勇往直前、不畏艰险的信念，也使我们更具有直面生活挑战的勇气。

与有共同价值观的人同行，还能够促进我们的个人成长。在与他人交流和学习的过程中，我们会打破自己认知的局限性，全面深入地了解世界的丰富性和多元性。对方的优点和长处会成为我们学习的榜样，而他们的不足和错误也会成为我们反思和警醒的镜子。通过与这样的人相处，我们会更加清晰地认识到自己的优点和不足，从而有针对性地进行提升和改进。这种成长和进步不仅让我们变得更加优秀，也让我们更加珍惜与有共同价值观的人一同前行的时光。

实践共同价值观：携手前行的策略

认识到与有共同价值观的人一同前行的重要性之后，接下来的问题就是如何实践这一理念。这需要我们具备一定的洞察力、判断力和行动力，以便在复杂的人际关系中找到并珍惜那些与我们志同道合的人。

我们需要明确自己的价值观。这是选择与谁同行的基础和前提。只有当我们清晰地了解自己的信念、追求和原则时，才能准确地判断哪些人与我们志同道合。因此，我们应该花时间去反思和梳理自己的价值观，确保它们真正反映我们的内心世界和人生追求。在这个过程中，我们可以尝试回答一些问题，比如，我最看重的是什么？我希望我的人生达到什么样的目标？我愿意为什么样的事情付出努力和时间？通过思考这些问题，我们可以更加清晰地了解自己的价值观，为接下来的选择打下坚实的基础。

我们还需要学会观察和倾听。在与他人交往的过程中，我们应该保持敏锐的洞察力，注意对方言行举止中透露出的价值观和信息。同时，我们也应该学会倾听对方的想法和感受，理解他们的立场和观点。这样，我们才能更加全面地了解一个人，判断他们是否与我们拥有相似的价值观。在观察和倾听的过程中，我们始终要秉持开放的态度、包容的心态，尊重并接纳对方的多样性。只有这样，我们才能真正地了解一个人，找到与我们志同道合的人。

当我们找到了与我们有共同价值观的人，就应该珍惜并深化这种关系。我们可以通过分享彼此的经历和感受，加深对彼此的理解和认同。同时，我们也应该鼓励和支持对方追求自己的梦想和目标，共同成长和进步。在相处的过程中，我们应该保持开放和包容的态度，尊重对方的差异性和多样性，让这段关系更加稳固和持久。我们可以一起参加各种活动，共同探索新的领域和知识，分享彼此的成长和收获。这种深厚的友谊和合作关系不仅让我们的人生更加丰富和有意义，也为我们提供了更多的机会和可能性。

除了珍惜已有的关系，我们还应该积极地寻找和拓展新的有共同价值观的人脉。这可以通过参加各种社交活动、加入兴趣小组或专业组织等方式实现。在这些场合中，我们有机会遇到更多志同道合的人，与他们建立联系并分享彼此的经验和资源。通过不断地拓展人脉，我们可以为自己的生活和事业带来更多的机会和可能性。同时，我们也可以借助社交媒体等现代科技手段，更加便捷地寻找和联系有共同价值观的人。

但是，在实践共同价值观的时候，我们极有可能会面对各种难题。例如，我们可能会发现某些人虽然与我们持有相似的价值观，但在某些具体问题上却存在分歧和争议。这时，我们需要学会妥善处理这些分歧，寻求共识和妥协。我们要逐渐学习换位思考，站在对方的角度去看待问题，从而找到一个双方都满意的解决方案。同时，我们也应该坚持自己的原则和立场，不轻易妥协和放弃。在处理分歧和争议的过程中，我们需要保持冷静和理智，不要让情绪影响我们的判断和决策。

另外，我们还需要警惕那些表面上与我们志同道合，但实际上却背离我们价值观的人。这样的人可能会利用我们的信任和善意，达到自己的目的。因此，在选择与谁同行时，我们需要保持警惕和审慎的态度，确保对方真正与我们持有相似的价值观和追求。我们可以通过长期的观察和交往来判断一个人的真实面貌和价值观是否与我们相符。

选择与有共同价值观的人一同前行，是一种智慧的选择，也是一种人生的投资。它能够为我们带来更加丰富和有意义的人际关系，激发我们的内在动力，促进我们的个人成长。与有共同价值观的人一同前行，我们可以共同探索世界的奥秘，追求更加美好的未来。他们不仅能够为我们提供情感上的支持和陪伴，更能在我们迷茫和困惑时为我们指明方向，鼓励我们勇往直前。

因此，我们应该珍惜那些真正与我们有共同价值观的人，与他们建立深厚的友谊和合作关系。同时，我们也应该积极地寻找和拓展新的有共同价值观的人脉，为自己的生活和事业带来更多的机会和可能性。

选择与谁同行是我们人生中的一个重要抉择。与有共同价值观的人一同前行，不仅能够让我们的人生更加丰富和有意义，更能在关键时刻为我们提供支持和动力。因此，让我们勇敢地做出这个选择，与那些与我们志同道合的人携手前行，共同创造美好未来。

在难走的路上寻找人生价值和定位

人生之路，看似花团锦簇，实际充满荆棘。在这条难走的路上，我们不仅要学会坚韧不拔地前行，更要在这个过程中寻找自己的人生价值和定位。这不仅是一场对外在世界的探索，更是一次对内心世界的深度挖掘，是对自我认知、自我成长和自我实现的深刻追求。

难行的路途，铸就坚韧的心志

在人生这段漫长的旅途中，每个人都会遇到各种各样的困难和挑战，它们如同路上的荆棘和绊脚石，考验着我们的意志和决心。这些困难可能源于生活的重压，让我们感到疲惫不堪；可能源于工作的挫折，让我们陷入自我怀疑；可能源于人际关系的纠葛，让我们体验孤独与失落；也可能源于成长过程中的无措，让我们始终徘徊在人生的十字路口，无法下定决心。

然而，正是这些难行的路途，铸就了我们坚韧不拔的心志，让我们学会了在逆境中坚持、在挑战中成长、在迷茫中探索。它们像磨刀石一般，虽然过程痛苦，却使我们的内心变得更加锋利和强大。

在逆境中，我们学会了坚持。当面对生活的重压时，我们不再轻易言败，而是选择咬紧牙关，以顽强的毅力一步一步地向前迈进。我们深知，只有坚持下去，才有可能穿越黑暗的隧道，看到希望的曙光。这种坚持，不仅仅是对外在困境的抗争，更是对内心信念的坚守，是对自己梦想的执着追求。它让我们明白，无论遇到多大的困难，只要心中有光，脚下就有路。

在挑战中，我们学会了成长。每一次的跌倒，每一次的失败，都犹如打磨石上的每一次磨砺，它们像一面明镜，清晰地映照出我们的瑕疵，映照出我们的裂痕。我们从中汲取教训，于挫折中积累智慧，逐渐蜕变，如同璞玉经过雕琢，日益显露出其内在的温润与坚韧。我们学会了如何在困境中寻找出路，如何在挫折中重拾信心，如何在挑战中发掘自己的潜力。这种成长，让我们的人生变得更加丰富多彩，也让我们更加珍惜每一次的挑战和机遇，因为每一次的跨越都是对自己的一次超越。

在迷茫中，我们学会了探索。面对未知的未来和自我成长的困惑，我们不再畏惧和逃避，而是选择勇敢地面对和探索。我们开始尝试新的事物，接触新的领域，寻找属于自己的兴趣和激情。在探索的过程中，我们逐渐发现了自己的内在价值和潜力，也进一步明确了自己的人生目标和方向。这种探索，让我们的人生变得更加宽广和深邃，也让我们更加自信地面对未来的挑战，因为我们已经学会了如何在不确定性中寻找确定性。

难行的路途，虽然充满了艰辛和挑战，但也正是这些经历，让我们变得更加坚韧、更加成熟、更加勇敢。我们学会了在逆境中坚持信念、在挑战中不断成长、在迷茫中勇敢探索。这些宝贵的品质将成为我们人生道路上最坚实的基石，支撑着我们走向更加美好的未来。它们是我们心灵的灯塔，指引着我们在人生的海洋中航行，无论风浪多大，都能保持前行的方向。

在挑战中寻找人生的价值与定位

在难走的路上，我们不仅要学会坚韧不拔地前行，更要在这个过程中寻找自己的人生价值和定位。这是一场对自我认知的深度挖掘，也是一次对人生意义的深刻探索。

寻找人生价值，需要我们明确自己的目标和追求。每个人的人生都是独一无二的，我们都有自己的梦想和追求。在难行的路途上，我们要时刻提醒自己，不要迷失方向，要坚持走自己的路。我们要清晰地认识到自己内心的渴望与追求，明确自己想要成为何种人，随后便要不懈努力，始终朝着那既定的方向奋力前行。我们只有明确了自己的目标和追求，才能在人生的道路上找到属于自己的价值和意义，才能活出真正的自我。

寻找人生定位，需要我们了解自己的优势和特长。每个人都有自己独特的才能和潜力，这些优势和特长是我们在人生道路上脱颖而出的关键。在崎岖难行的路途中，我们应如寻宝者般敏锐，善于发掘自己内在的闪光点。我们要持续不断地学习与成长，犹如磨刀石般不断磨砺自己，提升个人的能力与素质，以便如同适者生存的强者，更好地适应社会的变化与发展。同时，我们也要学会倾听内心的声音，了解自己的兴趣和激情所在，然后勇敢地追求自己的梦想。我们只有充分了解了自己的优势和特长，才能在人生的舞台上找到属于自己的位置，才能发挥出自己最大的价值。

同时，寻找人生价值与定位还需要我们勇于尝试和探索。在难行的路途上，我们不要害怕失败和挫折，因为每一次的尝试和探索都是一次宝贵的学习机会。我们要敢于走出舒适区，去尝试新的事物和领域，去寻找属于自己的兴趣和激情。在尝试和探索的过程中，我们会遇到各种各样的困难和挑战，但正是这些经历让我们更加了解自己、更加明确自己的人生方向和价值所在。只有我们勇于尝试和探索，才能不断拓宽自己的人生视野，找到更多的人生可能性，实现自我超越和成长。

在挑战的荆棘丛中探寻人生的价值与定位，这无疑是一场漫长而艰辛的旅程。我们要相信每一个人都有自己独特的价值和意义存在，只要我们坚定信念、勇往直前，不断学习和成长，善于发现自己的优势和特长，勇于尝试和探索未知的世界，就一定能够在这条难走的路上找到属于自己的光芒和价值所在。

在难走的路上寻找人生价值和定位不仅是对外在世界的探索和挑战，更是对内心世界的深度挖掘和成长。这是一场关于自我认知、自我成长和自我实现的深刻旅程。在这个历程中，我们将学会如何在困境中屹立不倒，如何坚守内心的信念，如何鼓起勇气去探索那未知而充满神秘的世界，如何发掘自己的潜力和优势，以及如何实现自我价值和社会价值的统一。

我们将逐渐发现自己的内在价值和潜力所在，找到属于自己的人生定位和方向，并为之努力奋斗，实现自己的梦想和目标。当我们回首这段难走的旅程时，我们会发现那些曾经的挑战和困难都变成了我们成长的垫脚石，它们让我们更加坚韧、更加成熟、更加有智慧。我们会感激这段经历带给我们的成长和收获，也会更加珍惜现在所拥有的一切，包括自己的梦想、追求、优势和特长，以及那些曾经陪伴我们走过难行路途的人和事。

无论我们现在正走在一条怎样的路上，无论面临着怎样的挑战和困难，都不要放弃寻找自己的人生价值和定位。只有如此，我们才能真切地活出独属于自己的人生，实现自我价值与社会价值的完美融合。只要用心去寻找、去努力、去坚持、去勇敢追求自己的梦想和目标，就一定能够找到那条属于自己的光明之路，在前行的道路上活出独属于自己的意义和价值。

第六章

勇气与决心：奔赴一场艰难的远征

每一段艰难的远征，都是对人性的一次深刻探索与磨砺。它要求我们不仅要具备面对困境时毫不退缩的勇气，还要拥有无论遭遇何种挑战都能坚持到底的坚定决心。在这场没有硝烟的战役中，勇气与决心交织成一首激昂的交响曲，引领着我们穿越风雨，跨越障碍。

勇气，让我们敢于直面恐惧，挑战未知；决心，让我们在逆境中不放弃，持续奋斗。正是这二者相辅相成，共同构成了我们征服艰难远征的强大武器。让我们以无畏的勇气为帆，以坚定的决心为舵，向着心中的目标，勇敢地迈出每一步。

内心的较量：我不行？我可以！

追溯童年的纯真年代，一次微不足道的失败或许就会成为日后自我怀疑的导火索。那时，我们满怀好奇与热情去探索世界，但一次不经意的跌倒或是一次未能达到父母期望的尝试，都可能伴随着严厉的批评和失望的眼神，这些经历犹如锋利的刻刀，于稚嫩的心灵上镌刻下难以磨灭的印记，成为生命中永恒的烙印。随着时间的流逝，这些印记逐渐演化成内心的阴影，每当面临新的挑战或重要决策时，它们便悄然浮现，让我们不由自主地质疑自己的能力。

迷雾中的自我质疑——“我不行？”

在生活中，我们不可避免地会面临挑战与困境。此时，内心深处经常会有两种截然不同的声音相互交织、激烈对峙：一种是充满疑虑的自我质疑“我不行”；另一种则是坚定自信的肯定“我可以”。这场没有硝烟的内心战争，往往决定了我们面对逆境时的态度，甚至影响最终的成败。

每个人都会经历波澜和低谷。那些令我们灰心丧气的瞬间仿佛在讥笑我们，使我们感受到深深的无力和渺小。无论是职场上屡遭碰壁、学业上面临重重困难，还是人际交往中的尴尬场面，或是日常生活中的琐碎烦恼，这些挑战均可能催生出那个充满怀疑的内在声音——“我不行”。这个声音有时会如此响亮，足以淹没我们所有的勇敢和尝试，让我们深陷自我怀疑与否定的深渊之中。

然而，在这片深渊中，总有一股不屈的力量悄然生长，孕育着希望的种子，这就是自我激励的力量——“我可以”。这股力量源自我们心底深处，它告诉我们，每个人都具备战胜困境的潜能，每一次挑战都是成长与超越自我的宝贵机会。这种力量并非无源之水，无本之木，它深深根植于对生活的热爱之中，源于对理想坚定不移的追求，以及那份无论遭遇何种困境都永不言弃的坚韧精神。

“我不行”的负面念头往往是被对未知领域的恐惧、失败后的焦虑滋养，或是被周遭环境的消极影响诱发。如果我们无法及时调整这种思维倾向，那么它将很可能会成为自我设限的预言，将我们禁锢在自我设限的牢笼里。我们因此而畏葸不前，宝贵的机遇从指间溜走；我们放弃尝试，梦想便无法照进现实。这种消极心态如同沉重的锁链，限制了我们的潜能，遮蔽了我们的视野。

而“我可以”的积极信念则显得弥足珍贵。它代表着乐观主义精神，对未来充满了美好的希望与憧憬。当我们选择坚信“我可以”，我们实则是给了自己一次机遇，去挑战自我，证明自身的能力。这份信念犹如指引航道的明灯，照亮前方崎岖的道路，引领我们穿越迷雾，勇往直前，迎接每一个挑战。

要战胜“我不行”的负面思维，首先要培养敏锐的自我意识，认清这些想法的真实面目——它们不过是面对挑战时的自然反应，而非我们真实能力的准确映射。通过积极的自我对话、设定切实可行的小目标并庆祝每一小步的成就，我们能够逐渐建立坚实的自信。此外，向周围的朋友和家人寻求支援也是面对内心斗争的有效策略。他们的鼓励和信任能够为我们提供额外的动力，帮助我们重新点燃“我可以”的信心之火。

生命不息，奋斗不止。每当“我不行”的念头悄然而至，我们应挺直脊梁，深呼吸，然后大声告诉自己：“我可以！”让这份自信成为驱动我们前进的动力，让这场内心的较量成为我们成长的催化剂。在每个清晨苏醒时，在每个夜晚沉思时，我们都要选择相信自己，选择相信未来充满无限可能的“我可以”。因为在生命的长河中，唯有坚守“我可以”的信念，我们才能真正地活出精彩，活出最好的自己。

破晓的曙光——“我可以！”

“我不行？我可以！”是一个永恒的主题。它关乎我们如何认识自己，如何看待生活。在这个过程中，我们可能会跌倒，可能会迷失，但只要我们学会从每次的失败中汲取教训，从每次的挑战中寻找机遇，那么，“我可以”的力量终将引领我们走向胜利的彼岸。

信念是重塑自我认知的基石。“我可以！”这简短而有力的三个字，是重塑自我认知的基石，它如同璀璨星辰，照亮了我们前行的道路。这种信念并非一蹴而就，而是源自对自我深刻的剖析与接纳。它要求我们放下对过去的执念，正视自己的优点与不足，以一颗平和而坚定的心去拥抱那个独一无二、潜力无限的自己。

当我们真正认识到自己的价值时，那份由内而外的自信便油然而生，它如同温暖的阳光，驱散了内心的阴霾，让我们在面对挑战时能够挺直腰板，勇往直前。

行动是跨越心理障碍的桥梁。信念是行动的先导，而行动则是信念的试金石。当我们内心坚定地喊出“我可以”时，便须鼓足勇气，迈出那关键性的一步。这一步或许艰难，或许充满未知，但正是这些挑战与不确定，铸就了我们坚韧不拔的品格。在行动的过程中，我们或许会跌倒，或许会失败，但每一次的尝试都是对自我的一次超越，都是对信念的一次加固。这些经历如同宝贵的财富，积累起来，便成为我们跨越心理障碍、通往成功的坚实桥梁。

坚持是在挫折中成长的催化剂。成功之路从不是一帆风顺的，挫折与失败如同路旁的荆棘，时刻考验着我们的意志与决心。然而，正是这些看似负面的经历，成为我们成长的催化剂。它们教会我们如何面对困难，如何在逆境中寻找机遇，如何在失败中汲取力量。当我们遭遇挫折时，不应轻言放弃，而应将其视为一次宝贵的学习机会。通过反思与总结，我们不断调整策略，优化方法，以更加饱满的热情和更加坚定的信念再次出发。这种坚持不懈的精神，不仅让我们在挫折中不断成长，更让我们深刻体会到“我可以”的真正内涵。

自我超越是从“我不行”到“我可以”的蜕变。经过信念的锤炼、行动的洗礼以及挫折的磨砺，我们终于实现了从“我不行”到“我可以”的华丽蜕变。在这一过程中，我们经历了从自我怀疑到自我肯定的转变，从逃避挑战到主动拥抱变革的成长。我们变得更加自信、勇敢和坚韧，能够以更加积极的心态去面对生活中的每一个挑战。这种蜕变不仅让我们在个人成长上取得了显著的进步，还让我们在人际关系和社会责任中扮演了更加重要的角色。我们学会了如何激励他人、如何承担责任、如何为社会贡献自己的力量。我们的存在因此变得更加有意义和有价值。

在人生的漫长旅途中，“我可以”的坚定信念犹如一盏指路明灯，带领着我们前行。它让我们勇敢地面对内心的恐惧与不安，坚定地迈出探索与尝试的步伐。即使遭遇挫折与失败，我们也能够从中汲取力量与智慧，不断前行。最终，我们将实现自我超越的蜕变，成为那个心中有爱、眼中有光、脚下有力量的自己。

内心的力量：从自我对话中获取前行的勇气

在人生的长河中，每个人都是航行者，面对波涛汹涌的大海，或是风平浪静的小溪，我们都会遇到各种挑战与困境。这些时刻，外界的声音或许嘈杂，或许冷漠，但最坚实、最温暖的力量往往源于我们的内心——那是一种通过深刻而积极的自我对话所激发出的勇气与力量。

自我对话的艺术：解锁内心的潜能

自我对话，这是内在世界的私语，不仅是心灵的独白，更是灵魂深处的一场深刻对话。它超越了物理时空的束缚，成为我们内在宇宙中最自由、最纯粹的表达方式。在这场对话中，我们既是提问者，也是解答者，通过不断地质疑、反思与自我肯定，我们得以更加清晰地认识自己，理解自己的需求、欲望与恐惧。

在现代社会的快节奏与高压力环境下，我们往往会被外界的喧嚣淹没，内心的宁静与自我对话的空间被不断挤压。然而，正是这份内在的交流，成为我们保持心理健康、抵御外界干扰的重要防线。它像是一位智慧而慈爱的导师，在我们迷茫时指引方向，在我们失落时给予慰藉，帮助我们在纷扰的世界中找到属于自己的安宁与力量。

通过自我对话，我们可以更加深入地了解自己的价值观、信念与追求。这些内在的力量，如同灯塔一般照亮我们的前行之路，使我们在面对挑战与困境时能够坚守初心，勇往直前。同时，自我对话也是我们情感管理的有效工具，通过它，我们可以更好地认识自己的情绪，学会如何调整与表达，从而保持内心的平衡与和谐。

倾听内心的声音，是开启自我对话的初步探索，更是这一过程中最为关键的一步。然而，要做到这一点并不容易。在这个信息爆炸的时代，我们的思维常常被外界的噪声充斥，难以静下心来倾听自己内心的声音。因此，我们需要学会如何创造一个宁静的环境，让心灵得以回归平静。

寻觅一处宁静之地，轻轻合上双眼，深深地呼吸，让身体与心灵在这一刻逐渐放松，回归宁静。在这个过程中，我们要放下所有的防备与偏见，以一种开放而接纳的心态去面对自己的内心。尝试用非评判性的态度去观察自己的想法和感受，就如同一位旁观者，不带任何主观色彩地记录它们。只有这样，我们才能真正地听到内心的声音，理解自己的真实需求与渴望。

倾听内心的声音，不仅可以帮助我们更好地认识自己，还可以激发我们内在的潜能与创造力。当我们真正地听到内心的声音时，我们会发现那些曾经被忽略或压抑的想法与灵感开始涌现出来。这些想法与灵感往往蕴含着巨大的能量与可能性，引领我们走向更加美好的未来。

自我对话的内容，对于我们的情绪状态与行为表现，都潜藏着深远而显著的影响。消极的对话内容会削弱我们的信心与动力，使我们陷入自我怀疑与沮丧的泥潭；而积极的对话内容则能够激发我们的潜能与勇气，让我们更加坚定地走向自己的目标。

因此，我们需要有意识地构建积极的对话内容。我们要用肯定的语言鼓励自己，用乐观的态度面对挑战。当遇到困难时，不要轻易地放弃或否定自己，而是要学会从中寻找成长的机会与可能性。我们要告诉自己："我可以尝试""我有能力克服这个困难"。这样的对话内容能够激发我们内在的力量与勇气，使我们更加坚定地走向成功。

同时，我们还需要学会用积极的语言来塑造自己的未来。通过想象自己成功后的情景与感受来激励自己不断前进。这种积极的心理暗示可以帮助我们建立起对未来的信心与期待，从而更加积极地面对生活中的每一个挑战与机遇。

有效的自我对话不仅包括情感的表达与内心的倾听，还包括对目标的设定与路径的规划。一个明确的目标，如同灯塔般为我们指引前进的方向，并赋予我们源源不断的动力；一个切实可行的计划，则如同航海图，助力我们更稳健地驶向目标，实现心中的愿景。

在自我对话中，我们可以问自己："我想要达成什么？"通过深入地思考自己的需求与愿望来设定一个清晰、具体的目标。同时，我们还需要问自己："我该如何一步步实现它？"通过制订详细的计划与步骤来规划自己的行动路径。这样的对话能够帮助我们更加清晰地看到前方的道路与方向，减少迷茫与焦虑。

在设定目标与规划路径的过程中，我们需要保持灵活与开放的心态。因为生活中充满了变数与不确定性，因此我们的目标与计划也会随着环境的变化而不断调整与优化。只有这样，我们才可以在变化中保持稳健的步伐，不断向前迈进。

勇气的源泉：在自我对话中寻找前行的动力

勇气的源泉，往往深藏于我们内心最幽静的角落，并非源于外界的喧嚣与肯定，而是自我对话中那份真挚而坚定的力量。那些静默时刻的自我对话，成为我们前行动力的不竭源泉。当我们勇敢面对内心的恐惧、疑惑与不安时，自我反思与鼓励，可以帮助我们逐渐明晰自己的方向与价值。勇气便在这份深刻的自我认知中悄然生根，推动着我们跨越障碍，勇往直前。

第一，直面恐惧，以勇气拥抱挑战的深渊。勇气，并非对世间万物毫无畏惧的盲目自信，而是在凝视深渊时，依然选择迈出那坚定的一步。在内心的对话剧场里，恐惧与不安常常扮演着不速之客的角色，它们悄无声息地侵蚀着我们的决心。但正是这些时刻，反而让我们学会了直面恐惧，学会了与自己对话："我内心的恐惧，究竟源自何方？是害怕未知的深渊，还是担忧失败的阴影？"通过这样深刻的自我剖析，我们逐渐明白，恐惧不过是成长的催化剂，每一次的跨越都是对自我的超越。所以，我们要选择拥抱挑战，让内心的火焰在恐惧的洗礼中更加炽热，以勇气为引，照亮前行的道路。

第二，相信自我，解锁潜能的无限宇宙。勇气，是内心深处对自我价值的坚定信仰。在自我对话的宇宙中，我们是最亮的星，不断闪烁着"我能行"的光芒。每一次的自我肯定，都是对潜能的一次唤醒:“我拥有改变现状的力量,我能够创造出属于自己的辉煌。”这份信念如同宇宙中的引力,吸引着无限的可能性向我们靠近。它让我们在追求梦想的路上,即使遭遇风雨,也能保持那份不屈不挠的坚韧,因为我们深知,最好的自己,永远在前方等待。

第三,携手同行,在支持中编织成长的网。在自我探索的旅途中,我们学会了向外界伸出双手,寻求那些能够与我们并肩作战的伙伴。无论是亲情的温暖、友情的陪伴,还是师长的指引、同事的协作,都如同夜空中最亮的星,照亮了我们前行的道路。在分享与倾听中,我们获得了力量;在鼓励与支持中,我们更加坚定了方向。正是这些宝贵的外部资源,编织成了一张坚不可摧的成长之网,让我们在风雨中也能稳步前行。

第四,持之以恒,以坚韧铸就成功的基石。勇气,是面对失败与挫折时的不屈不挠。在追逐梦想的征途上,我们难免会遭遇种种坎坷与挑战,如同行走在布满荆棘的小径上。但正是这些挑战,铸就了我们坚韧不拔的品格。在自我对话的深处,我们不断提醒自己:“每一次跌倒都是为了更好地站起,每一次失败都是迈向成功的一步。”正是这份坚持与执着,让我们在逆境中找到了前行的动力,用汗水与泪水铺就了通往成功的道路。

第五,心怀感恩,以爱心传递勇气的火种。当我们在自我对话中找到了内心的力量,成功实现了自己的梦想时,我们更应铭记那些曾经给予我们帮助与支持的人。感恩之心如同温暖的阳光,照亮了我们前行的道路;回馈之行则如同传递的火种,点燃了更多人心中的勇气之光。我们可以用自己的力量去帮助他人,让这个世界因我们的存在而变得更加美好。在感恩与回馈中，我们找到了生命的意义与价值，也让自己的心灵得到了升华与净化。

总之，内心的力量是我们每个人最宝贵的财富。通过自我对话，我们能够深入了解自己、激发潜能、获取前行的勇气。让我们勇敢地面对内心的恐惧和挑战，用内心的力量去书写属于自己的人生篇章。

迈出第一步：星辰大海，始于足下

在漫长的人生旅途中，每个人都是一位勇敢的探险家，怀揣着对未知世界的好奇与向往，踏上了寻找自我、实现梦想的征途。然而，在这条漫长而充满挑战的道路上，最艰难也最关键的，往往是那迈出的第一步。

启程的勇气：迈出第一步的意义

文森特·威廉·梵高，这位后印象派绘画史上的璀璨巨匠，其生命旅程如同一场波澜壮阔的探险，每一步都踏在了艺术与苦难的边缘。他的一生，是无数次“迈出第一步”的尝试与累积，是对未知世界无畏探索的生动写照。

在世俗的偏见与冷漠中，梵高选择了绘画作为自己生命的出口，这是他人生旅途中最为关键的一步。这一步，不仅意味着他放弃了传统职业的安稳，更是一次心灵的觉醒与自我发现。面对生活的重重压力与社会的误解，梵高从未退缩，他坚信自己的艺术能够触动人心，能够照亮黑暗。

在贫困与绝望的深渊中，梵高依然坚持着创作的步伐，他的画笔成了他与世界对话的唯一方式。他用那独特而深邃的色彩，勾勒出内心的波澜壮阔，将星辰大海般的情感倾泻于画布之上。

《星夜》便是这一时期的杰作，那旋转的星空、跃动的笔触，不仅是自然之美的再现，更是梵高内心世界的深刻表达，它让每一个观者都能感受到那份超越现实的震撼与感动。

梵高的故事，是对“迈出第一步”这一主题最生动的诠释。它告诉我们，无论前路多么坎坷与未知，只要勇敢地迈出那决定性的一步，并坚持不懈地走下去，就能发现属于自己的星辰大海。在这个过程中，或许会遇到无数的挑战与困难，但正是这些经历，塑造了我们的坚韧与勇气，让我们学会了用艺术的力量去照亮前行的道路。梵高用他的生命证明了这一点，他的故事将永远激励着后来者，勇敢地迈出自己的第一步，去追寻那些看似遥不可及的梦想。

在人生的漫长征途中，迈出第一步总会伴随着对未知世界的深深恐惧与不安。这份恐惧，如同夜幕下的暗影，悄然笼罩在心头，让我们对即将踏上的旅程充满疑虑。我们害怕失败的苦涩会淹没梦想的甜蜜，担忧自己的选择会导向错误的方向，忧虑未来的路途上布满了荆棘与坎坷。然而，正是这些恐惧，如同磨刀石一般，磨砺着我们的意志，考验着我们的勇气。

“勇者并非无所畏惧，而是即便害怕也选择前行。”这句话告诉我们，真正的勇敢并非毫无感觉，而是在恐惧面前依然能够坚定信念，勇往直前。迈出第一步，就是对这些内心恐惧的直接挑战，是对自我极限的勇敢跨越。当我们鼓起勇气，迈出那决定性的一步时，会发现那些曾经看似不可逾越的障碍，在脚下渐渐变得渺小，原来它们并没有想象中那么可怕。这一刻，我们学会了与恐惧共舞，并将其转化为前进的动力。

人生的旅途，是一场漫长而精彩的探险。在这场探险中，每一步尝试都是对未知世界的探索，每一次努力都是对自我能力的挑战。而这一切的起点，正是那看似微不足道却又至关重要的第一步。无论是学习一门新技能，探索一个陌生的领域，还是追求一个遥不可及的梦想，都需要我们勇敢地迈出第一步。

这些尝试与努力，无论结果如何，都会是宝贵的经验积累。成功时，我们收获了喜悦与自信；失败时，我们汲取了教训与反思。这些经验，如同人生旅途中的一颗颗珍珠，串联起我们成长的轨迹。它们教会我们如何在失败中汲取力量，在成功中保持谦逊。正是这些经验的积累，让我们的人生更加丰富多彩，也为我们未来的道路铺设了坚实的基石。

在迈出第一步之前，我们往往对自己的能力持有种种限制性的观念。我们或许认为自己不够聪明、不够勇敢、不够有创造力……然而，这些观念往往只是自我设限的枷锁，束缚着我们潜能的释放。

当我们勇敢地迈出第一步时，就像是打破了束缚心灵的枷锁，让内心深处的潜能得以自由流淌。我们会在尝试中发现自己的智慧之光，在挑战中感受到勇气的力量，在创造中感受到无尽的乐趣。这些潜能的释放，让我们的人生焕发更耀眼的光芒。我们不再是那个被自我限制束缚的个体，而是成为能够驾驭自己命运、实现梦想的强者。

因此，迈出第一步不仅是梦想的起点，更是我们激发潜能、实现自我超越的契机。让我们勇敢地迈出这一步，用行动去证明自己的价值，用努力去书写人生的辉煌篇章。

星辰大海的征途：从足下开始的旅程

勇敢地迈出第一步之后，紧接着的便是清晰地确定自己的目标，明确前行的方向。一个清晰的目标，如同航海图中的坐标点，指引着我们不断前行。它让我们避免在茫茫人海中迷失方向，保持对梦想的执着追求。同时，明确的目标还能激发我们的动力与决心，让我们在遇到困难时依然能够坚持下去。因此，在星辰大海的征途中，我们首先需要做的，就是明确自己的目标与方向。

一旦拥有了明确的目标与方向，接下来的关键步骤便是精心制定可落实的计划与策略。计划是我们行动的蓝图，它规划着每一步的路线与步骤；策略则是我们应对挑战与困难的智慧结晶，它教会我们如何调整方向、如何优化资源、如何克服障碍。制订计划与策略的过程，不仅是对我们逻辑思维与决策能力的锻炼，更是对我们实现梦想的决心与信心的体现。

在星辰大海的征途中，持续学习与成长是必不可少的。时代不断变化，知识持续更新，只有坚持不断学习、不断进步，方能紧跟时代的步伐，避免被淘汰的命运。学习不仅意味着获取新知识、新技能，更意味着培养自己的思维能力、创新能力与适应能力。通过持续学习，我们能够更好地应对挑战、把握机遇、实现自我价值。同时，学习也是一种享受与乐趣，它让我们在探索未知的过程中感受到生命的无限可能。

在星辰大海的征途中，勇于尝试与探索是至关重要的。尝试是创新的源泉，是突破常规、超越自我的关键。当我们敢于尝试新事物、新方法时，就有可能发现新的机遇与可能。同时，尝试也意味着面对失败与挫折的风险。然而，正是这些失败与挫折，让我们更加坚韧不拔、更加成熟稳重。它们教会我们如何总结经验、如何调整策略、如何再次出发。

在星辰大海的征途中，保持积极心态与乐观精神是尤为重要的。每个人的人生旅程都充满了波折，每个人都会在不同阶段遭遇各种难题与挑战。正是这些挑战与困难，才让我们更加珍惜成功的喜悦与成就感。因此，在面对困难时，我们要保持积极的心态与乐观的精神，相信自己可以克服困难、实现目标。同时，我们还要学会从失败中汲取教训，从挫折中汲取力量，让每一次跌倒都成为我们前行的动力。

在星辰大海的征途上，每一步都充满了未知与挑战，但正是这些未知与挑战，铸就了我们坚韧不拔的品格，点亮了我们前行的道路。我们深知，无论梦想多么遥远，无论未来多么不确定，只要勇敢地迈出第一步，便是向着星辰大海迈进的开始。

第七章

目标与方向：拒绝随波逐流的智者策略

在时代的洪流中，每个人都是自己命运的舵手，面对复杂多变的环境与诱惑，如何保持清醒的头脑，坚定不移地走正确道路，是每位智者都必须面对和选择的。我们要勇于探索那些可以在纷繁世事中以不变应万变的智者之道。

智者们如同经验丰富的航海家，不仅拥有敏锐的观察力，能够洞察时代的脉搏与趋势，更具备坚定的意志与勇气，勇于在关键时刻调整航向，避免被一时的风浪吞噬。最终，在人生的航程中，成为那位冷静、果敢且充满智慧的舵手，向着既定的目标稳健前行。

明确方向：设定符合内心真实愿望的目标

内心真实愿望，源自灵魂深处的呼唤，它不受外界喧嚣的干扰，不随波逐流，而是基于自我认知与价值观的深刻体现。这样的愿望，或许是对知识的无尽渴求，对艺术的纯粹热爱，对家庭温暖的深切向往，或是对社会贡献的崇高理想。它如同指南针，无论外界如何变迁，仍始终指引我们保持内心的宁静与坚定，确保每一步都朝着真正属于自己的方向迈进。

探寻内心，唤醒真实愿望

在设定目标之前，首要的任务是深入了解自己。这不仅仅是对外在能力、兴趣爱好的简单梳理，更是一场深入心灵的探索之旅。我们需要静下心来，与自己进行一场真诚的对话，问问自己："我真正热爱的是什么？""哪些事情让我感到充实和满足？""我想要成为怎样的人？"这些问题没有标准答案，它们鼓励我们挖掘内心深处最真实的声音，那是被日常琐碎掩盖、被外界期望束缚之下的真实自我。

通过冥想、日记记录、心理测试或是与信任的朋友分享等方式，我们可以逐渐揭开自我认知的面纱，发现那些隐藏在日常生活中的激情与渴望。记住，认识自我是一个持续的过程，随着时间和阅历的增长，我们的认知也会不断变化，但保持对内心的探索与倾听，是通往真实愿望的第一步。

当我们开始触及内心的真实需求时，那份对某件事物的强烈热爱与渴望便会悄然浮现，这便是激情。激情是驱动我们不断前行的动力源泉，它让我们在面对困难和挑战时依然保持坚韧不拔。识别并珍视自己的激情，意味着我们要勇于承认并追求那些让自己心动不已的事物，无论它看起来多么不切实际或遥不可及。

我们的激情或许在于艺术创作，渴望用画笔描绘世界的色彩；或许在于科学研究，试图探索自然界的神秘；又或许在于旅行探险，梦想踏遍世界的每一个角落。无论我们的激情是什么，都请勇敢地拥抱它，因为正是这份激情，指引我们找到生命中最宝贵的目标。

在追求内心真实愿望的道路上，我们难免会遭遇外界的质疑、否定甚至是嘲笑。这些声音如同海上的风浪，试图将我们的小船吹离既定的航线。然而，真正的勇士不会因外界的干扰而迷失方向，他们会学会过滤掉这些杂音，坚守内心最真实的声音。

记住，我们的价值不由他人定义，我们的梦想也无须得到所有人的理解和支持。重要的是，我们是否能够清晰地听到自己内心的呼唤，是否愿意为了那份热爱与渴望而努力奋斗。当我们坚定了内心的信念，外界的喧嚣便无法再动摇我们的决心。

不断优化自我，加速成长

在追求梦想的过程中，持续学习与反思是不可或缺的环节。世界在不断变化，知识在不断更新，只有不断学习，我们才能跟上时代的步伐，不断提升自己的能力和竞争力。学习不只限于书本知识，还包括从实践中汲取经验，从他人身上学习优点，以及从失败中汲取教训。

同时，定期反思自己的行为和决策也是非常重要的。反思是一种宝贵的自我审视过程，它督促我们找寻自己的不足和疏漏，依此来调整策略，避免出现同样的错误。通过反思，我们可以进一步明确自己的成长轨迹，同时也明确未来的发展方向。

在学习的过程中，保持开放的心态非常关键。我们应当敢于接纳新思想、新观念，勇于尝试新事物、新方法，以此不断拓展我们的认知边界。只有这样，我们才能不断拓展自己的视野，丰富自己的内心世界，为实现梦想奠定坚实的基础。

追梦的道路历来充满曲折与挑战，我们会遭遇各式各样的困难与阻碍。有时候，这些挑战可能会让我们感到沮丧、无助，甚至会想要放弃。但请记住，正是这些挑战塑造了我们的坚韧和毅力，让我们变得更加坚强和成熟。

面对挑战时，我们要保持冷静和理智，不要被情绪左右。分析问题的根源，寻找解决方案，并付诸实践。同时，我们也应学会在挑战中寻觅机遇，巧妙地将不利因素转化为推动我们前进的有利因素。每一次挑战都是一次成长的机会，只要我们能够勇敢面对并克服它，就会离梦想更近一步。

此外，我们还要学会寻求帮助和支持。在追梦的过程中，我们不可能孤军奋战。家人、朋友、同事及导师等都是我们宝贵的资源。他们可以在我们无助时伸出援手，给予我们鼓励与信心，帮助我们渡过难关。因此，我们要学会与他人建立良好的关系，积极寻求合作与共赢的机会。

在追梦的旅途中，我们不仅要关注目标本身，还要学会珍惜和庆祝每一份收获与成长。无论是完成一个小目标，还是取得一个阶段性的胜利，都值得我们去庆祝和肯定。这些成就不仅是对我们努力的认可与鼓励，更是激发我们不断前进的源泉与动力。

庆祝成就的方式多种多样，可以是一场简单的家庭聚会分享喜悦；可以是一次独自的旅行放松心情；也可以是一次自我奖励购买心仪已久的物品……无论选择何种方式庆祝，都要确保它符合内心真实愿望，并能给自己带来真正的快乐和满足感。

我们也应学会从成就中汲取宝贵的经验与教训，为设定更高更远的目标奠定坚实的基础。每一次成功都是一次宝贵的经验积累；每一次失败都是一次深刻的教训反思。只有不断总结经验教训并不断优化自我，我们才能不断向前迈进，进而实现更大的梦想。

明确方向，设定符合内心真实愿望的目标并勇敢追求它，是一场漫长而艰辛的旅程。但同时，也是一场充满希望和喜悦的冒险。在这个过程中，我们会遇到各种挑战和困难，但只要我们保持对梦想的执着追求和坚定信念，就一定能够克服一切困难，实现自己的梦想。

让我们勇敢地迈出第一步吧！无论前方的路有多么漫长和艰难，都请相信自己的能力和潜力，用汗水浇灌梦想之花，用坚韧不拔的毅力书写属于自己的辉煌篇章。最终，我们会发现，那些曾经看似遥不可及的梦想，其实就在我们触手可及的地方，等待着我们去实现。

差异化竞争：在细分领域寻找自己的舞台

在这个充满竞争的世界里，如何让自己脱颖而出，成为聚光灯下的焦点，是每个人都需要面对的挑战。差异化竞争，不仅适用于企业间的市场博弈，更是个人成长与成功的关键策略。它要求我们在纷繁复杂的环境中，找到属于自己的细分领域，并以其独特的才华、不懈的努力和创新的思维，打造出独一无二的个人品牌。

自我反思：内心的镜像之旅

在差异化竞争的广袤舞台上，我们要深入探索并精准认识自我。这一过程，恰似一场触及灵魂深处的探险，引领我们穿越纷繁复杂的表象，直抵内心最真实的自我。它不仅是对过往经历的深度剖析，更是一场对自我潜能与价值的深刻挖掘。

自我反思，如同在喧嚣尘世中寻觅一片宁静的湖泊，让我们得以暂时放下外界的纷扰，沉浸于自我内心的对话之中。这是一场心灵的静谧之旅，它促使我们细致入微地回顾自己的成长轨迹，从童年的纯真无邪到青春的激情澎湃，再到成年的沉稳睿智，每一个阶段都蕴含着塑造我们性格、铸就我们灵魂的关键要素。

在这段旅程中，我们不仅重拾了那些被岁月尘封的记忆碎片，更从中提炼出了支撑我们前行的力量源泉——每一次挑战自我、跨越难关的努力与坚持，每一次面对失败、勇于反思的坚韧与勇气。这些宝贵的经历，如同璀璨的珍珠，串联起我们独特的生命轨迹，让我们更加清晰地认识到自己的优势所在，同时也勇敢地正视自身的不足与局限。

在自我反思的基础上，我们还应勇敢地迈出探索的步伐，去触碰那些未知而又充满诱惑的领域。这既是对新知的渴求与追求，也是对自我潜能进行深入挖掘与探索的过程。在这个过程中，我们可能会偶遇那些能够瞬间点燃内心激情的火花——无论是艺术创作的灵感迸发，还是科技创新的奇思妙想，抑或是人文思考的深刻洞察。

这些兴趣点不仅为我们指明了前行的方向，更为我们的生命注入了无穷的动力与活力。它们激励着我们不断追求、勇于尝试，成为推动我们职业生涯发展的不竭源泉。因此，我们应珍惜每一次尝试的机会，保持一颗开放而好奇的心，勇敢地迈出探索的步伐，去追寻那些能够让我们心灵震颤、热血沸腾的梦想与目标。

在差异化竞争越发激烈的当下，明确自己的核心价值观是第一要务。这些价值观如同我们内心的指南针，为我们在纷繁复杂的世界中提供了坚定的方向指引。它们不仅是我们判断是非、衡量得失的重要标准，更是我们坚守内心信念、追求人生意义的根本动力。

当我们清晰地了解自己的价值观时，便能在面对各种诱惑与挑战时保持清醒的头脑和坚定的立场。我们会明白哪些选择是符合自己内心追求的、哪些是需要果断放弃的；在复杂多变的环境中，我们将学会如何保持自我、不忘初心，这一点至关重要。这种坚定与执着将成为我们差异化竞争的重要力量源泉，确保我们可以在激烈的市场竞争中脱颖而出、独树一帜。

精准定位细分领域：探索专属舞台

在深入剖析自我、明确个人愿景后，我们需要精心策划，为自己在广阔的职业蓝图中找到一片既能展现才华，又能实现梦想的专属舞台。这一过程，就像是航海家寻找那片未被发现的宝藏之岛，既充满挑战，但同时也蕴含无限可能。

第一步，进行市场调研，紧握市场动态脉搏，洞悉未来发展趋势与风向。市场调研，是我们定位细分领域的航标灯。通过广泛收集并分析行业报告、市场数据、消费者行为等多维度信息，我们得以全面把握市场的脉搏，包括行业的整体规模、增长潜力、消费者需求的变化趋势以及竞争对手的布局与策略。这一过程不仅让我们对当前市场状况有了清晰的认识，更为我们预测未来趋势、捕捉市场机遇提供了宝贵的洞察。在此基础上，我们能够更加精准地定位自己的细分市场，找到那个既能发挥自身优势，又能满足市场需求的领域。

第二步，开展SWOT分析，精准评估优势、劣势、机会与威胁，明确发展方向与策略。在深入了解市场的同时，我们还需要借助SWOT分析工具，对自身的实力进行全方位、多角度的审视。通过深入剖析自己的优势、劣势、机会与威胁，更加清晰地认识到自己在细分市场中的竞争地位与潜力空间。这一过程不仅帮助我们巩固了自信心，也让我们对可能遇到的挑战有了充分的心理准备。基于SWOT分析的结果，我们能够制定出更加符合自身实际、具有前瞻性的战略规划，为未来的竞争奠定坚实的基础。

第三步，设定初始目标，绘制宏伟蓝图，规划未来征途。在明确了自己的市场定位与竞争优势后，我们需要设定一系列清晰、具体且富有挑战性的目标来引领我们的行动方向。这些目标既包括短期内的具体任务与项目，也涵盖了长期内的总体发展规划与愿景。通过将目标细化为可执行的步骤与任务，我们可以确保每一步都朝着既定的方向稳步前进。同时，我们还需要定期回顾与评估目标的达成情况，根据实际情况进行适时调整与优化，确保我们的战略规划始终与市场趋势保持同步。

第四步，养成持续学习，开启终身成长的无限可能。在这个日新月异的时代里，持续学习已成为我们适应变化、保持竞争力的关键所在。我们需要保持对新知识、新技能的高度敏感与渴望，通过自学、参加培训和参与行业交流等多种方式不断充实自己。在学习过程中，我们不仅要注重理论知识的累积，更要着重提升实践能力，确保可以将所学知识有效转化为解决实际问题的能力。同时我们还要紧跟行业发展趋势、关注前沿技术动态，确保自己始终站在时代的最前沿。

第五步，培养创新思维，勇于打破常规。创新思维是我们在差异化竞争中的重要思维能力。我们需要勇于打破传统思维的束缚，敢于挑战现有的规则与框架，学会以全新的视角审视问题并寻找创新的解决方案。在创新过程中，我们要敢于尝试新方法、新思路，即使面临失败与挫折也要保持积极乐观的心态，将每一次尝试都视为成长的机会。同时我们还要学会跨界思考，将不同领域的知识与经验进行融合与碰撞，从而产生令人惊叹的创意与灵感。这种不断追求创新的精神将使我们在细分领域中始终保持领先地位。

第六步，拓宽人脉网络，构建广泛而深厚的人际关系。在竞争激烈的商业环境中，人脉资源的重要性不言而喻，它是成功的关键因素之一。我们需要积极拓展自己的人际关系网络，与同行、前辈、导师等建立并保持密切的联系。通过与他们的交流合作，我们可以获取宝贵的经验与资源，同时拓宽自己的视野与思路。我们还可以通过参加行业会议、加入专业组织等方式扩大自己的人脉圈子，从而结识更多志同道合的朋友与伙伴。这些人际关系不仅为我们提供了更多的合作机会与资源支持，也让我们在面临挑战时能够得到更多的帮助与支持，更加从容地应对各种复杂局面。

行动计划：制订并执行非“内卷”成长计划

如今，“内卷”一词成为许多人心中挥之不去的阴影。它像一把无形的枷锁，束缚着我们的梦想与追求，让我们在连续的竞争循环中疲惫不堪。然而，真正的成长不应该是一场无休止的竞赛，而是一场关于自我发现、价值实现与心灵富足的深刻旅程。

绘制蓝图：规划非“内卷”成长之路

在“内卷”的社会环境中，我们或许会被外界的喧嚣迷惑，追逐着那些看似光鲜却空洞的成功标准。然而，真正的成长应该是一场心灵的觉醒，是对自己内在需求的深刻回应。因此，我们需要设定非“内卷”的成长目标，这些目标应该源于内心的渴望，而非外界的强加。

这些目标应当具有深度，能够触及我们灵魂的深处，激发我们探索未知、挑战自我的渴望；它们也应当具有广度，涵盖我们生活的各个方面，包括职场、家庭、社交和精神等多个维度。同时，它们还必须具有可持续性，能够引导我们在长期的人生旅途中保持前进的动力和热情。

在设定目标时，我们要先勇于跳出舒适区，敢于设定那些看似遥不可及却意义重大的梦想。这些梦想将成为我们成长的灯塔，指引我们在风雨中前行。同时，我们还要学会将大目标分解为小步骤，制订具体的行动计划，确保每一步都踏实有力。

“内卷”现象往往伴随着固化的思维模式和狭窄的视野。为了摒弃这种思维束缚，我们要主动打破思维定式，勇于创新与尝试，并敢于挑战权威。这并不意味着我们要盲目地否定一切既有观念，而是要以一种开放、包容的心态去审视周围的世界。

通过阅读不同类型的书籍、观看不同领域的纪录片、参与跨学科的讨论等方式，我们可以接触到丰富多彩的思想和文化。这些新鲜的知识和观点将如同清泉般滋润我们的心田，拓宽我们的认知边界。同时，我们还要学会独立思考和批判性思维，不轻易被他人或媒体的观点左右。

在这个过程中，我们可能会遭遇外界的质疑和阻力。但请记住，正是这些挑战和困难塑造了我们的坚韧和勇气。只有当我们敢于走出舒适区、拥抱变化时，才能真正实现自我超越和成长。

在多元化发展的时代背景下，仅凭单一技能和兴趣已难以满足个人全面成长的需求。因此，我们需要勇于尝试新事物、培养多元化的兴趣和技能。这不仅可以丰富我们的生活体验、增添乐趣和色彩；还可以提升我们的综合素质和竞争力，使我们更加适应未来社会的变化和挑战。

我们可以根据自身的实际情况，选择自己喜欢和热爱的领域进行深入学习。无论是学习一门新语言、钻研一类新知识、参加一项生活实践活动，还是沉浸在艺术的海洋中感受美的力量，或是投身于科学的殿堂中探索未知的奥秘……这些经历都会在日积月累中成为人生的宝贵经验。

同时，我们还要学会将所学知识和技能进行跨界融合和创新应用。这不仅可以拓宽我们的视野和思路，还可以激发我们的创造力和想象力，让我们在竞争激烈的社会中脱颖而出，成为独一无二的自己。

除了外在的支持，我们持续成长也需要内在动力的推动。我们需要深入挖掘自己的内在需求和价值观，明确自己成长的意义和目的。同时我们还要学会自我激励和情绪管理，保持积极向上的心态和持久的动力。

践行计划：执行并优化非“内卷”成长策略

将长远的成长目标分解为一系列具体且可操作的任务，是实现目标的关键所在。我们需要根据目标的性质和时间要求，将大目标拆分成若干个小目标或任务，并为每个任务设定明确的时间节点和完成标准。这样做可以帮助我们更好地掌控进度、评估效果并及时调整策略。

在明确任务的基础上，我们需要制订详细的行动计划。这包括确定任务的具体步骤、所需资源、责任人和时间安排等。通过制订详细的行动计划，我们可以更加有条不紊地推进工作、减少浪费和延误、提高工作效率和质量。

在信息量超载的当下，专注力是极为稀缺的资源。为了高效执行计划并实现目标，我们需要努力培养自己的专注力。这包括设定清晰的工作和学习环境、减少干扰因素、采用番茄工作法等时间管理工具等。通过培养专注力，我们可以更加集中精力完成任务、提高工作和学习效率。

自律和毅力是实现非“内卷”成长的重要品质。我们需要克服拖延症、克服惰性、坚持按计划行事。即使遇到困难和挫折，也要时刻保持积极乐观的心态和坚定不移的信念，不断前进。通过坚持自律和毅力，我们将慢慢养成好习惯，为后期的成功夯实基础。

在执行计划的过程中，我们需要定期回顾自己的进度和效果。这可以通过设定阶段性目标并检查完成情况来实现。通过回顾，我们可以清楚地看到自己的成长轨迹和不足之处，以便及时调整策略并优化计划。

在执行计划的过程中，我们可能会遇到各种不可预见的情况和挑战，这时我们需要保持灵活性和创新性，并因时因势调整策略，从而更好地适应新环境和新需求。通过不断调整和优化，我们可以确保计划的顺利进行，并更好地实现个人成长和发展目标。

随着社会的不断进步，我们越发意识到，真正的成长不应局限于“内卷”式的竞争旋涡之中，而应是一种由内而外、积极向上的自我超越。通过精心制订并执行这份非“内卷”成长计划，我们学会了如何在纷扰中保持清醒，在挑战中寻觅机遇，在平凡中创造不凡。

成长是一场马拉松，而非短跑冲刺，需要我们拥有持久的耐心、坚定的信念和不懈的努力。让我们携手并进，在这条非“内卷”的成长之路上，不断探索未知，勇敢尝试新事物，以开放的心态迎接每一个挑战，以行动的力量书写属于自己的精彩篇章。最终，当我们回首来时路，会发现那些曾经的汗水与泪水，都已化作照亮前行之路的璀璨星光。

第八章

挑战与突破：实现从思想到行动的跨越

每个人的心中都藏着改变世界的种子，但真正实现从思想到行动的跨越，却需要非凡的勇气与智慧。挑战与突破是不可或缺的主题。它们如同磨刀石，砥砺着我们的意志，也锤炼着我们的能力。

实现从思想到行动的跨越，不仅是对自我潜能的深度挖掘，更是对未知世界的勇敢探索。在面对困境时，我们要保持冷静与坚定；在遭遇挫折时，我们要汲取力量，继续前行。我们要学会跨越那道从“想”到“做”的鸿沟，让梦想照进现实，成就非凡人生。

突破舒适区：敢于挑战未知领域

每个人都拥有一片自己的“舒适区”——那是一个熟悉、安逸、风险极低的领地。在这里，我们驾轻就熟，享受着既定的规则与模式带来的安全感。然而，正如温水煮青蛙的故事所警示的，长久的安逸往往让人失去对外界变化的敏感度，更遑论主动探索未知、挑战自我了。舒适区，虽温柔，但却是成长路上最大的阻碍之一。

走出舒适区的温柔陷阱

人生，是一场漫长而曲折的马拉松，这不仅是对体力极限的挑战，更是对心智与勇气深层次的考验。它要求我们在漫长的赛道上，既要具备持久的耐力与坚韧的毅力，还要拥有敢于探索未知、敢于面对挑战的勇气。若我们选择在舒适区徘徊，就如同马拉松选手在起跑线前犹豫不决，不仅错失了领略沿途风景的机会，更失去了向胜利终点冲刺的可能。

真正的成长，从不是一帆风顺的坦途，而是布满了荆棘与挑战的征途。每一次勇敢地跨出舒适区的边界，都是对自我极限的一次勇敢触碰，是对未知世界的一次无畏探索。正如蝴蝶历经艰辛，破茧而出，方能展翅翱翔于蓝天之下，我们在挑战与困境中的每一次挣扎与突破，都是对自我能力边界的重新定义与拓展。

这一过程虽然痛苦且充满不确定，但正是这些经历，铸就了我们坚韧与成熟的灵魂。

在每个人的内心深处，都蕴藏着一片未被发掘的宝藏——潜能。它如同沉睡的巨人，等待着被唤醒的那一刻，爆发出惊人的力量。然而，很多时候，我们却让这些宝贵的潜能沉睡在舒适区的温床之中，未能得到充分的展现与释放。

舒适区，就像一层无形的茧，紧紧包裹着我们，束缚着我们的潜能与梦想。只有当我们勇敢地迈出那一步，去尝试那些看似不可能完成的任务，去挑战那些曾经让我们望而却步的难题，我们才能在实践中逐渐发现自己的潜能所在。这些尝试与挑战，如同磨刀石一般，不断磨砺我们的意志与能力，让我们在失败与挫折中不断成长，最终将潜能转化为推动我们前进的强大动力。

舒适区如同一道无形的墙，将我们与外面的世界隔绝开来，让我们只能看到眼前的一隅之地。然而，外面的世界是广阔的，是无限的，是多彩的，也有着无限的可能与机遇。只有当我们勇敢地走出舒适区，跨越那道界限时，我们才能真正接触到不同的思想、文化和观念，从而拓宽自己的视野、丰富自己的精神世界。

这种视野的拓宽不仅能让我们更加全面地认识自己和世界，更能够激发我们的创新思维与创造力。在接触不同文化和观念的过程中，我们会不断地进行比较与反思，从而发现新的视角与思路。这些新的视角与思路将成为我们生活和工作中的宝贵财富，为我们带来更多的灵感与机遇。

在探索未知与挑战自我的过程中，我们经常会遇到难题与失败。这些经历虽然痛苦且难以避免，但它们却是我们成长道路上不可或缺的磨砺与锤炼。每一次从失败中站起来、每一次从挫折中重整旗鼓，都会让我们的内心变得更加坚韧与强大。

我们开始意识到，内在力量比我们想象中的要更为重要和强大。我们学会了在困境中寻找希望、在挫折中汲取力量、在失败中总结经验。这些经历让我们更加自信地面对生活中的各种挑战与困难，因为我们知道无论遇到多大的风浪，都可以凭借自己的坚韧与勇气去克服它们。

最终，这种韧性与自信将成为我们人生道路上最宝贵的财富，它们将伴随我们走过每一个阶段、面对每一个挑战，让我们在人生的旅途中更加从容与自信地前行。

迈出每一步，勇于挑战未知

首先，明确目标，精心策划每一步。这个目标应当如同航海中的灯塔，既具体又可量化，能够为我们指明前进的方向，确保我们在茫茫大海中不迷失航向。它可能是一个具体的技术突破、一项创新项目的成功落地，或是个人职业生涯中的一次重大转型。无论形式如何，关键在于它要能够激发我们的内在动力，成为我们不断前行的驱动力。

其次，制订一份详尽可行的计划。这份计划应当涵盖时间管理、资源调配和风险评估等多个维度。我们需要根据目标的复杂性和紧迫性，合理规划每一个阶段的任务和时间节点，确保每一步都扎实有力。同时，我们还要充分考虑到可能遇到的各种挑战和障碍，提前做好风险评估和应对措施，以便在问题出现时能够迅速调整策略，保持计划的灵活性和有效性。

通过这样的精心策划，我们不仅可以有条不紊地推进自己的计划，还可以在探索过程中保持清醒的头脑和坚定的信心，确保自己始终朝着既定的目标前进。

再次，持续学习，让知识成为最坚实的后盾。未知领域往往充满了我们未曾接触过的知识和技能。因此，在探索的过程中，我们需要保持一颗谦虚好学的心，不断学习新的知识和技能，以提升自己的能力水平。这既是我们适应未知领域变化和挑战的必要手段，也是我们实现自我超越和成长的重要途径。

我们可以通过多种方式来获取知识和技能。比如，我们可以阅读相关领域的专业书籍和文献，了解最新的研究成果和行业动态；我们可以参加培训课程和研讨会，与有经验的同行沟通交流；我们还可以向该领域的专家请教和咨询，获取他们的指导和建议。通过这些方式，我们可以不断拓宽自己的知识视野和专业技能，为探索未知领域提供更加坚实的支撑。

最后，建立强大的支持系统，携手共进。在探索未知的过程中，我们必然会面临一些不可预知的“危险”。此时，强大的支持系统将会发挥至关重要的作用。这个支持系统可以包括家人、朋友、同事等身边的人，他们可以在我们遇到困难时给予我们鼓励和支持；也可以是一个志同道合的社群或组织，他们可以与我们一起分享经验和心得，共同面对挑战和困难。

通过建立这样的支持系统，我们可以获得更多的帮助和资源支持。当我们在探索过程中遇到难题时，可以向他们请教和咨询；

当我们在遭遇挫折时，可以向他们倾诉和寻求安慰。他们的存在让我们不再孤单无助，而是有了更多的力量和勇气去面对未知的挑战。

同时，我们还可以通过与他们的交流和分享获得更多的灵感和启示。在探索未知领域的过程中，我们也许会迸发出新灵感、新思路。这些灵感和思路可能并不成熟或完善，但通过与他人的交流和讨论，我们可以不断完善和优化它们，最终将其转化为具有实际价值的成果。

突破舒适区、挑战未知领域，要求我们具备勇气、智慧、坚韧和自信等多方面的品质。然而，正是这些品质的磨砺和锤炼，让我们变得更加成熟、更加坚强、更加有力量去面对生活中的风雨与挫折。

潜能挖掘：激发内在力量，突破自我限制

潜能挖掘，是一场深入心灵的探索之旅，它关乎如何激发我们内在沉睡的力量，勇敢地突破那些自我设定的限制与束缚。每个人的心中都蕴藏着一片未被完全发掘的宝藏，它或许隐藏于日常的琐碎之下，或许被过往的挫败掩盖。然而，正是这份潜能，如同沉睡的巨人，一旦唤醒，便能引领我们超越自我，实现前所未有的成长与蜕变。

认识潜能：未被唤醒的力量

潜能，顾名思义，是潜在的、尚未被充分发掘和利用的能力。它就像一颗深埋地下的种子，等待着合适的阳光、雨露和土壤，一旦得到滋养，便能破土而出、茁壮成长，最终长成参天大树。同样，人的潜能也如同沉睡的巨人，一旦唤醒，便能释放出惊人的能量，创造出令人瞩目的成就。

每个人的潜能都是独一无二的，它可能隐藏在我们的思维深处，等待着一个灵感的火花将其点燃；也可能潜伏在我们的身体之中，等待着一次挑战的机会将其激活。这些潜能如同宝藏一般，等待着我们去发掘，去开采，从而将其转化为实际的能力和成就。

我们常常发现，自己在某些时刻能够超常发挥，完成一些平时认为不可能完成的任务。比如，在紧急情况下，我们能迅速做

出正确决策，展现出惊人的应变能力；在困境中，我们能激发出无限创造力，找到解决问题的新方法。这种超常发挥，其实就是潜能的一种表现。它告诉我们，每个人都有超越自我的可能，都有未被发掘的潜力。

这些潜力可能源于我们的天赋，比如某种特殊的才能或技能；也可能源于我们的经历，比如一次挫折后的反思和成长；更有可能是因为我们心灵深处对成功的渴望。无论潜能的来源是什么，它们都是我们内心深处的一股强大力量，等待着我们去发掘和利用。

然而，潜能并不是自然而然地就会被激发出来的。它需要我们去寻找、去发掘、去培养。很多时候，我们之所以无法充分展现自己的潜能，是因为我们自我设限，认为自己只能做到某种程度，无法再进一步。这种自我限制可能源于过去的失败经历、他人的评价或社会的期望，它们像一道无形的墙，阻挡了我们前进的道路，也阻挡了我们潜能的释放。

因此，要释放潜能，首先就要突破自我限制。我们需要勇敢地直面自己的恐惧和不安，挑战自己的极限，尝试新的事物和领域。只有这样，我们才能逐渐发现自己的潜能所在，并将其转化为实际的能力和成就。同时，我们也需要保持耐心和坚持，因为潜能的挖掘和释放是一个长期而艰辛的过程。只有持之以恒地努力，我们才能最终唤醒沉睡的巨人，释放出惊人的能量。

激发潜能：突破自我限制的策略

要释放潜能，首先就要突破自我限制。自我限制，是我们内心深处的一种恐惧、一种不安、一种对未知的担忧。它可能因为我们过去的经历，也可能源于我们现下所处的环境，更可能源于我们对自己的不信任。

突破自我限制，需要我们勇敢地面对自己的恐惧和不安。我们需要认识到，恐惧和不安只是内心的感受，它们并不能代表真实的情况。很多时候，我们之所以感到恐惧和不安，是因为我们对未来的事物缺乏了解，对自己的能力缺乏信心。当我们勇敢地面对这些恐惧和不安，积极地去探索、去尝试、去学习时，就会发现，原来自己可以做到很多事情，原来自己的潜能是如此巨大。

突破自我限制，还需要我们学会放下过去的包袱。很多时候，我们之所以无法前进，是因为我们被过去的失败和挫折所困扰。我们害怕再次失败，害怕再次受到伤害。然而，过去的失败和挫折并不能代表我们的未来。我们需要学会从过去的经验中汲取教训，但不要让它们成为我们前进的绊脚石。

除了面对恐惧和放下包袱，突破自我限制还需要我们拥有坚定的信念和持续的努力。信念是我们前进的动力，它让我们在遇到困难时不会轻易放弃；努力则是我们实现目标的基石，它让我们在追求梦想的过程中不断前行。当我们拥有了坚定的信念和持续的努力时，我们会发现，原来自己的潜能是可以不断被挖掘和释放的。

在突破自我限制的过程中，我们还需要学会接受外力的帮助。这包括向他人学习、寻求他人的建议和支持、与他人合作等。外力可以帮助我们更快地成长和进步，也可以帮助我们更好地发掘和释放自己的潜能。当我们愿意敞开心扉去接受外力的帮助时，我们会发现，原来自己的潜能是可以与他人共同创造更大的价值的。

当然，潜能的挖掘与释放并非一蹴而就的过程，它需要时间、耐心和坚持。我们需要给自己足够的时间和空间去尝试、去探索、去成长。同时，我们也需要保持耐心和坚持，不要因为一时的挫败就轻易放弃。只有当我们持之以恒地去挖掘和释放自己的潜能时，我们才能真正地实现自我突破和成长。

在面对这些挑战和困难时，我们往往能够激发出更多的潜能和力量。这种潜能和力量的激发，不仅可以帮助我们克服困难、实现目标，还可以让我们在人生的道路上走得更远、更精彩。

首先，保持积极的心态。积极的心态可以让我们更加乐观地面对生活中的挑战和困难，也可以让我们更加自信地去尝试新的事物和探索未知的领域。当我们拥有积极的心态时，我们的潜能就会更容易被激发出来。

其次，不断学习和成长。学习是挖掘和释放潜能的重要途径。通过不断学习新的知识和技能，我们可以不断拓宽自己的视野和思维方式，也可以不断提升自己的能力和竞争力。当我们拥有更多的知识和技能时，我们的潜能就会得到更好的发挥。

再次，勇于接受挑战和尝试新事物。挑战和尝试新事物可以让我们更加勇敢地面对自己的恐惧和不安，也可以让我们更加自信地去展现自己的能力和才华。当我们勇于接受挑战和尝试新事物时，我们的潜能就会得到更好的锻炼和提升。

最后，与他人建立良好的关系。与他人建立良好的关系可以让我们获得更多的支持和帮助，也可以让我们更加容易地借鉴他人的经验和智慧。当我们与他人建立良好的关系时，我们的潜能就会得到更好的激发和释放。

总之，潜能是我们内心深处的一种力量，它等待着我们去发掘、去释放。而突破自我限制，则是释放潜能的关键。只有当我们敢于面对自己的恐惧和不安、放下过去的包袱、拥有坚定的信念和持续的努力时，我们才能真正地突破自我限制、释放出自己的潜能。

跨越障碍：失败是成功的垫脚石

障碍，是每个人都会遇到且必须跨过的槛。这些障碍可能来自外部的环境，也可能源于我们内心的恐惧和不安。然而，正是这些看似艰难的障碍，为我们铺设了通往成功的道路。那些看似失败的背后，都是一次次珍贵的经验，也都是成功路上前行的助力。

失败是生命中的必经之路

失败如同一位不速之客，无论我们多么努力，多么谨慎，都难免会在某个不经意的时刻与它相遇。失败可能是一次考试的失利，让我们在成绩单上留下遗憾的印记；可能是一次工作的挫败，让我们在职场上遭遇挫折和打击；也可能是一次人际关系的破裂，让我们在情感的纠葛中感受到心痛和失落。它可能以各种不同的形式出现，或明或暗，或大或小，但无论形式如何，失败都会带来痛苦和困扰，让我们在一段时间内陷入低谷。

然而，如果我们能够换一个角度来看待失败，就会发现它其实并不是那么可怕。每一次失败，都是一次宝贵的学习机会，它像一面镜子，让我们深刻地认识到自己的不足和需要改进的地方。在失败中，我们学会了反思和总结，学会了从挫折中汲取教训，从而有针对性地提升和改进自己。

此外，失败还能激发我们的斗志和决心。当我们遭遇失败时，内心往往会产生一种不甘和不服的情绪。这种情绪如同燃烧的火焰，驱使我们去寻找失败的原因，去努力克服困难，去争取下一次的成功。正是这种不服输的精神，让我们在失败中不断崛起，不断前行，直到达到我们心中的目标。

更重要的是，失败还能培养我们的坚韧和毅力。人生的挫折和困难如同路上的荆棘和坎坷，让我们步履维艰。然而，如果我们能够在失败中坚持下来，不放弃自己的梦想和目标，那么我们就可以逐渐培养出坚韧不拔的毅力。这种毅力如同坚硬的铠甲，保护我们在未来的道路上更加坚定地走下去，无论遇到多大的困难和挑战都不会轻易放弃。

因此，我们应该学会拥抱失败，把它看作生命中的必经之路。当我们遭遇失败时，不要过于沮丧和失落，而是要勇敢地面对它，从中汲取教训和经验。因为每一次的失败都是一次成长的机会，都是一次让我们更加了解自己的过程。

只有勇敢地面对失败，我们才能在失败中不断成长和进步，最终走向成功的彼岸。因为成功并不是一蹴而就的，它需要我们经历无数的失败和挫折，才能更加坚定地走向胜利的终点。

跨越障碍，将失败变为成功的垫脚石

如果我们只是认识到失败的价值，这并不足以让我们走向成功。我们要学会快速跨越障碍，将失败变为成功的垫脚石。我们具备一些关键的能力和素质，才能在这条充满挑战的道路上稳步前行。

首先，我们需要具备积极的心态。在探索未知与挑战的征途上，秉持积极的心态被公认为跨越重重障碍的首要且不可或缺的基石。面对失败，我们往往会陷入情绪深渊中，容易沉溺于消极情绪的旋涡之中，导致视野受限。这种消极的情绪只会让我们更加沮丧和失落，无法帮助我们走出失败的阴影。相反，如果我们能够保持积极的心态，相信自己有能力克服困难并取得成功，那么我们就能够勇敢地面对失败，并从中汲取力量和智慧。积极的心态让我们看到问题的另一面，找到解决问题的新方法，从而更加接近成功。

其次，我们需要具备坚韧不拔的毅力。跨越障碍无疑是一项艰巨的任务，它深刻地考验着我们的毅力与决心。这一过程往往需要倾注大量的精力与不懈的努力，汗水成为我们不懈追求的见证。然而，正是这些困难和挑战，塑造了我们的坚韧和毅力。如果我们能够坚持下来，不放弃自己的梦想和目标，那么我们就能够逐渐克服这些困难和挑战，最终走向成功的彼岸。

除了积极的心态和坚韧不拔的毅力之外，我们还需要具备创新和学习的能力。在跨越障碍的每一步探索中，新问题的涌现与未知挑战的接踵而至，构成了这一过程的常态。这些问题和挑战可能超出了我们现有的知识和能力范围，需要我们不断地学习和创新才能解决。因此，我们需要保持一颗好奇心和旺盛的求知欲，不断地学习新的知识和技能，并将其应用到实际问题中去。只有这样，我们才能在跨越障碍的过程中不断成长和进步，不断适应新的环境和挑战。

最后，我们要学会从失败中汲取教训，总结经验。每一次的失败都是一次宝贵的学习机会，它让我们更加深刻地认识到自己的不足和需要改进的地方。因此，在跨越障碍的过程中，我们需要时刻保持一颗谦逊和自省的心，认真总结失败的原因和教训，并将其转化为未来的行动指南。只有这样，我们才能真正地将失败转化为成功的垫脚石，让自己在人生的道路上不断前行。

总之，跨越障碍并将失败转化为成功的垫脚石是一个漫长而艰辛的过程。它需要我们具备积极的心态、坚韧不拔的毅力、创新和学习的能力以及从失败中汲取教训和经验的智慧。然而，只要我们能够坚持不懈地努力下去，勇敢地面对每一个挑战和困难，那么我们就一定能够跨越所有的障碍并取得属于自己的成功。

因为在这个世界上，没有任何一种成功是不需要经过努力和挫折就能够轻易获得的。只有通过不断的努力和奋斗，我们才能够真正地实现自己的梦想和目标，让自己的人生变得更加精彩和有意义。人生中的障碍可能来自外部的环境，也可能源于我们内心的恐惧和不安。

正是这些看似艰难的障碍，为我们铺设了通往成功的道路。只有勇敢地面对失败，从中汲取教训和经验，我们才能够不断地成长和进步，最终走向成功的彼岸。因此，让我们拥抱失败，勇敢地跨越每一个障碍，将失败转化为成功的垫脚石，让自己的人生变得更加精彩和有意义。

走最难走的路，做最大胆的创新

在这个瞬息万变的世界里，每个人都渴望成功，都梦想着能够留下自己的足迹，成为时代的弄潮儿。然而，成功并非易事，它往往隐藏在那些最难走的路的尽头，等待着那些敢于挑战、勇于创新的人去探寻。本文将分为两个部分，探讨如何走最难走的路，以及如何做最大胆的创新。

走最难走的路：挑战与成长的交响曲

有时，一条看似平坦无阻的大道会赫然展现在我们的眼前，它宽敞明亮，如同一条铺设好的成功之路，引领着我们走向辉煌；另一条路，则显得崎岖不平，布满荆棘，它蜿蜒曲折，仿佛每一步都充满了未知与挑战，让人望而生畏。然而，正是这条充满艰难险阻的道路，才能真正锻造出我们内心的勇士之魂，让我们在风雨的洗礼中茁壮成长，绽放出属于自己的光彩。

选择走最难走的路，意味着我们要勇于面对生活中的种种挑战。挑战，就像是一位严苛的导师，它不断地磨砺我们的意志，锤炼我们的才华。当我们选择迎难而上，而不是在困难面前退缩时，我们的内心就会逐渐变得坚韧不拔，仿佛被铸就成一块无法摧毁的基石。每一次跌倒，都会成为我们重新站起来的动力。正是这些看似艰难的挑战，让我们学会了坚持与奋斗，让我们在逆境中依然能够绽放出自己的光彩，成为生活的强者。

走最难走的路，意味着我们要敢于承担起生活的重任。在人生的道路上，我们并非孤独的行者，而是社会这个大家庭中的一员。我们的每一个选择，都不仅仅关乎自己的命运，更与身边的人和社会息息相关。当我们选择走那条充满挑战的道路时，我们实际上是在承担更多的责任，愿意为了更美好的未来而付出辛勤的努力，愿意为了他人的幸福而奉献自己的全部。这种深沉的责任感，让我们的人生变得更加充实和有意义，也让我们的存在变得更有价值。

走最难走的路，更是一种对自我的不断超越与突破。在追求梦想的征途中，为了解决难题，我们或许会达到极限，这些极限可能是身体上的疲惫不堪，可能是心理上的恐惧与焦虑，也可能是知识上的匮乏与无知。然而，正是这些看似无法逾越的极限，激发了我们内心深处超越自我的勇气与决心。我们不愿意被自己的弱点所束缚，不愿意让梦想成为遥不可及的幻影。于是，我们选择了勇敢地挑战自己，选择了在困难与挫折中寻找突破与成长的机会。

走最难走的路，虽然充满了艰辛与挑战，但它也带来了无与伦比的成长与收获。在这条充满荆棘的道路上，我们学会了坚持与执着，学会了勇敢与无畏，学会了责任与担当，也学会了超越与突破。

做最大胆的创新：探索与突破的壮丽篇章

创新犹如一股清泉，从历史的深处涌来，不断为我们的生活注入新的活力和无限可能。然而，创新之路并非坦途，它要求我们敢于打破常规、挑战权威、探索未知。这是一场充满风险与挑战的征程，但正是这些困难和挑战，孕育出了真正的创新之花，让人类的历史得以不断前行。

做最大胆的创新，首先要有敢于质疑的勇气。在浩瀚的知识海洋和既定的观念体系中，我们往往习惯于接受和遵循，而忘记了质疑的力量。然而，真正的创新却始于对现有认知的质疑。我们要有勇于质疑的精神，敢于对那些长期以来被视为理所当然、不证自明的事物投以审视的目光。只有当我们敢于质疑，才能发现那些隐藏的问题和机遇，为创新打开一扇新的大门，引领我们走向未知的世界。

做最大胆的创新，还需要有勇于探索的精神。创新根植于深入实践、不懈探索的沃土之中。在这一过程中，遭遇失败、走弯路乃至暂时迷失方向，乃是探索之旅中不可或缺的组成部分。然而，正是这些曲折与挑战，铸就了通往创新之巅的坚实阶梯，使我们得以逐步逼近创新的真谛。因此，我们应秉持开放与勇敢的心态，勇于尝试新颖的方法，敢于涉足未知的领域，直面一切潜在的挑战。唯有如此，方能在创新的征途上不断前行，开辟出更加广阔的天地。

做最大胆的创新，更要有敢于突破的决心。创新往往意味着改变和颠覆，它要求我们打破现有的框架和束缚，创造出全新的价值和体验。然而，这种突破并不是轻而易举就能实现的。它需要我们付出巨大的努力和代价，承受来自各方面的压力和质疑。

但正是这些突破的经历，让我们真正实现了创新的飞跃。只有当我们敢于突破，才能创造出真正的创新之果，让人类的生活更加美好和丰富。

做最大胆的创新，虽然充满了风险和不确定性，但它也带来了无与伦比的成就和荣耀。在持续深化的过程中，我们不仅习得了质疑的艺术，勇于对既有认知提出挑战，更掌握了探索的技巧，不懈地在未知领域中寻求新知。这些宝贵的品质，将成为我们创新道路上最坚实的基石，支撑我们在未来的挑战中继续前行。

走最难走的路和做最大胆的创新，是人生中最壮丽的篇章。这要求我们具备坚韧不拔的意志、勇于担当的责任、敢于质疑的勇气、勇于探索的精神和敢于突破的决心。在这个过程中，我们可能会遭遇失败和挫折，但也会收获成长和成功。正是这些经历和品质，塑造了我们独特的人生轨迹，让我们在历史的长河中留下了自己的足迹。

在这条充满挑战与机遇的征途上，我们矢志不渝地挑战自我极限，力求超越过往，将梦想照进现实。同时，我们满怀激情地投身于最为激进的创新浪潮之中，以无畏之姿探索未知，引领时代前行。在创新的征途上，我们勇于质疑既有的观念框架，不懈地挖掘新的可能性，力求挣脱时代的桎梏，开辟前所未有的新纪元。

我们坚信，凭借不懈的努力与智慧的火花，定能在不远的将来，亲手绘制出更加灿烂辉煌的未来图景。因为，创新不仅是人类永恒不息的追求，更是推动社会进步、文明跃升的不竭动力。而每一次的探索与突破，都将成为我们历史长河中最为壮丽辉煌的篇章，激励后来者继续前行，在创新的征途上勇往直前。

第九章

坚持与韧性：把难走的路走得更稳更远

在人生中，我们经常会遭遇那些看似高不可攀、难以逾越的障碍与挑战，它们如同蜿蜒曲折的山路，布满荆棘与坎坷，让人心生畏惧，甚至想要放弃。在本章中，我们将深入探讨如何在困难重重的日子里保持坚韧不拔的精神，用坚定的信念和不懈的毅力为自己铺设一条通往梦想的道路。我们将学习如何在挑战中汲取力量，将每一次跌倒视为成长的契机，将困难转化为前进的动力。让我们携手同行，在这条难走的路上走得更稳更远，直至抵达成功的彼岸。

相信持之以恒的力量

相传，精卫原为上古帝王炎帝之女，不幸在一次遨游东海之际遭遇不测，溺水而亡。其魂魄不灭，化身为一只坚韧不拔的精卫鸟，日复一日，年复一年，不辞辛劳地衔起石块，投向那广袤无垠、波涛汹涌的大海，并立下了宏伟誓言——誓将这无边巨浪填平。这一行为，在世人眼中或许显得渺小而徒劳，但精卫却从未放弃，她的坚持与信念超越了时间与空间的限制，成为后世传颂的佳话。

精卫填海的故事，不仅是对自然力量的挑战，更是对人性中那份不屈不挠、持之以恒精神的颂扬。它启示我们，无论目标多么遥远，只要我们心怀信念，坚持不懈，终将创造出属于自己的奇迹。

播种信念，奠定坚持之基

持之以恒的信念不仅是成功的基石，更是心灵深处那股永不熄灭的火焰，引领着每一位追梦者穿越风雨，最终抵达胜利的彼岸。在探讨持之以恒的信念之前，我们首先需要明确，信念是什么？信念，是心灵深处对某种理念或目标的坚定信仰，是无论外界如何变迁，内心都始终如一的坚持。正如法国思想家罗曼·罗兰所言:“最可怕的敌人，就是没有坚强的信念。”在历史的长河中，无数先驱用他们的生命诠释了这一真理。

罗伯特·戈达德被誉为现代火箭技术的先驱者之一，他对该领域的发展做出了重要贡献。在20世纪初，当人类还沉浸在飞机刚刚诞生的喜悦中时，戈达德已经梦想着将人类送入太空。在那个科技尚不发达，甚至连理论都未完全成熟的年代，他的想法被视为异想天开，甚至遭到了嘲笑和质疑。然而，罗伯特·戈达德始终如一地坚守着自己的信念，他坚信人类终将跨越星辰大海，实现征服宇宙的壮举。正是这份坚定的信念，支撑着他数十年如一日地投入火箭技术的研究中。尽管资金匮乏、条件艰苦，他仍然坚持不懈，最终为人类的航天事业构筑了坚实的基石，开启了探索宇宙的新纪元。

罗伯特·戈达德的故事告诉我们，信念是成功的起点，它赋予了我们前行的勇气和动力。既然信念如此重要，那么我们该如何在自己的心中播种这份信念呢？

首先，设定明确的目标是关键。一个清晰、可量化的目标能够为我们指明方向，让我们的努力有的放矢。正如罗伯特·戈达德在童年时期就立下了“飞向太空”的宏伟志向，正是这个明确的目标，指引着他不断前行。

其次，制订可行的计划是实现目标的重要步骤。计划不仅能够帮助我们规划出达成目标的路径，还能让我们在遇到困难时保持冷静和理智。罗伯特·戈达德在研究过程中，遭遇了无数的失败和挫折，但他总是能够及时调整计划，寻找新的解决方案，这种灵活性和韧性正是他成功的关键之一。

最后，保持积极的心态是不可或缺的。在追求梦想的路上，我们难免会遇到各种挑战和困难，但只要我们保持积极乐观的心态，就能够在逆境中找到希望，继续前行。罗伯特·戈达德在面对外界的质疑和嘲笑时，从未选择放弃，而是用自己的行动和成果证明了自己的价值。这种积极的心态不仅让他克服了重重困难，也激励了无数后来者勇敢追梦。

信念之所以重要，是因为它能够激发我们内心深处的潜能，让我们在面对困难和挑战时仍保持不屈不挠的精神。正如罗伯特·戈达德在火箭技术的研究过程中，虽然经历了无数次的失败和挫折，但他始终坚信自己能够成功。这种信念不仅支撑着他度过了最艰难的时刻，也让他在逆境中不断成长和进步。

因此，持之以恒的信念是成功的起点和基石，它赋予了我们前行的勇气和动力，让我们在追求梦想的路上不断克服困难、迎接挑战。只有在自己的心中播种这份信念，我们才能在追求梦想的路上越走越远、越飞越高。

耕耘不辍，见证时间之果

梦想的种子，总是在不经意间埋入心田。它如同春日里的一颗幼芽，在温暖的阳光和细雨的滋润下，悄悄地破土而出，展现出勃勃生机。然而，梦想的成长之路并非一帆风顺，它需要时间的滋养，需要信念的支撑，更需要持之以恒的浇灌。

以画家文森特·威廉·梵高为例，在他人生的早期，曾经历了无数的挫败与孤独。他的画作并未得到世人的认可，甚至被视为异类。然而，梵高从未放弃对艺术的热爱与追求。他坚信自己的作品能够触动人心，能够传达出他对生命、对自然、对情感的独特理解。正是这种坚定的信念，让梵高在逆境中坚持创作，最终成为后印象派画家的杰出代表。他的画作，如《向日葵》《星夜》等，至今仍是世界艺术宝库中的瑰宝，散发着永恒的光芒。

日本作家村上春树的创作生涯，也并非一帆风顺。在成为专业作家之前，他曾是一名爵士乐酒吧的老板。然而，出于对文学的深切热爱，他毅然决然地割舍了酒吧经营的繁忙与喧嚣，全心全意地投身于文学创作的广阔天地之中。这一决定，虽伴随着风险与挑战，却彰显了他对文学梦想的执着追求与无畏勇气。为了保持创作的灵感与热情，他制定了严格的作息制度，每天清晨起床后便开始写作数小时。这种持之以恒的创作态度，不仅让他写出了《挪威的森林》《且听风吟》等脍炙人口的作品，更让他成为享誉世界的文学大师。

在体育领域，中国女排也是持之以恒精神的典范。她们在赛场上的顽强拼搏与不屈精神深深触动人心，激励了无数人。从五连冠的辉煌到低谷中的坚持再到里约奥运会的重夺冠军，中国女排用她们的汗水与泪水书写了一部关于坚持与奋斗的传奇史诗。她们的成功不仅是对个人努力的肯定，更是对团队精神和持之以恒精神的最高赞誉。

持之以恒的力量是无比强大的，它能够帮助我们克服种种困难与挑战，能够让我们在人生的道路上不断成长与进步，还能教会我们珍惜与感恩，让我们在收获成果的那一刻更加深刻地体会到那些曾经付出的努力与汗水都是值得的。

因此，让我们在未来的日子里继续秉持持之以恒的精神，勇往直前，不断追求自己的梦想与目标。相信只要我们坚持不懈地努力下去，就一定能够迎来属于自己的辉煌时刻！

在逆境中进行自我激励

在遥远的迷雾森林深处，流传着一个关于“逆风蝶”的寓言。传说中，逆风蝶是森林中最不起眼的生物，它们没有斑斓的翅膀，却拥有着一颗不屈的心。每当风暴来袭，万物皆避，唯有逆风蝶，展翅迎向狂风骤雨。它们相信，在逆境的洗礼下，每一次拍打翅膀都是对自我的超越与激励。正是这份坚持与勇气，让逆风蝶在风雨后绽放出前所未有的光芒，成为森林中最耀眼的传奇。

重塑心态，点亮希望之光

每个人都是自己命运的主宰者，而逆境往往是人生这段旅程中最不期而遇的伙伴。它悄无声息地降临，带着挑战与考验，试图阻止我们前行的脚步。然而，正是在这样的时刻，我们才有机会展现出坚韧不拔的一面，通过重塑心态，点亮内心深处的希望之光，为自我激励铺设一条坚实的道路。

当我们首次面对逆境时，内心或许会涌起一股难以言喻的恐慌与不安。那些曾经看似触手可及的梦想与目标，仿佛一夜之间变得遥不可及。但请记住，逆境从不是生活的终点，而是通往更高境界的必经之路。正如破茧成蝶的瞬间，虽历经磨难，却成就了生命的华彩。因此，我们首先要做的，便是调整自己的心态，学会以更加宽广的视角去审视眼前的困境。

在逆境的汹涌波涛中，自我反思犹如一盏璀璨明灯，不仅穿透黑暗，更照亮了我们心灵深处的每一个角落，引领我们审视自我，寻找前行的力量与方向。它促使我们停下脚步，静下心来，与自己进行一场深刻的对话。我们开始回顾自己的经历与选择，思考在逆境中的表现与心态。或许我们会发现，自己曾因为一时的挫败而失去了信心，还因为过度的焦虑而错失了良机。不过也是这些反思，让我们更加清晰地认识到自己的不足与成长空间。我们开始学会接纳自己的不完美，并从中汲取力量，为接下来的挑战做好准备。

在自我反思的基础上，我们可以尝试运用积极心理暗示来重塑对逆境的认知。这是一种强大的心理工具，它能够帮助我们打破消极思维的桎梏，激发内在的潜能与力量。我们可以告诉自己："每一次挑战都是一次成长的机会，每一次失败都是迈向成功的一步。"我们不再将逆境视为阻碍，而是将其视为通往成功的垫脚石。我们逐渐培养了以积极视角审视问题的习惯，拥抱乐观心态，将挑战视为成长的契机，以无畏之姿迎接每一个未知，让心灵在阳光下茁壮成长。这种积极的心理暗示如同温暖的阳光，穿透内心的阴霾，点亮希望的火花。

随着积极心理暗示的深入，我们内心的希望之光开始逐渐亮起，它不再微弱而模糊，而是变得明亮而坚定。我们开始相信自己有能力克服眼前的困难，实现心中的梦想。我们感受到了一种前所未有的力量与勇气，它们源于我们内心深处的信念与坚持。我们不再畏惧失败与挫折，而是将它们视为成长的催化剂与动力源泉。我们学会了在逆境中寻找希望的光芒，用它来照亮前行的道路。

在重塑心态的过程中，我们还需要学会与逆境共舞，这意味着我们要以一种更加平和与包容的心态去面对它、接纳它。我们将不再视逆境为敌人或对手，而是将其视为一位严苛却公正的导师。它教会我们坚韧与毅力，让我们在磨砺中变得更加坚强与成熟。我们学会了在逆境中寻找乐趣与意义，让这段旅程变得更加丰富多彩。我们不再被消极情绪困扰与束缚，而是能够以一种更加积极与主动的心态去面对生活中的挑战与困难。我们学会了自我激励与自我驱动，用内心的力量去推动自己不断前行。我们深知，只有不断地挑战自我、超越自我，才能真正深掘内心的潜能，实现生命的真正价值与意义。

总之，重塑心态是一个充满挑战与机遇的过程。我们需要直面自身的不足与困境，以积极心态重塑对逆境的认知。通过自我反思、积极心理暗示以及与逆境共舞等方式，逐渐点亮内心的希望之光，为后续的自我激励奠定坚实的心理基础。

行动起来，跨越逆境的桥梁

当我们已经完成了心态的调整，学会了如何在逆境中保持冷静与乐观，接下来，便是将这份自我激励转化为实际行动的时刻。

在行动之前，我们首先需要明确自己的方向与目标。这既是对未来蓝图的精心规划，亦是对当前逆境的深刻洞察与积极应对策略的体现，彰显了我们面对挑战时的智慧与勇气。正如航海者需要灯塔指引方向，我们在逆境中也需要一个明确的目标，它如同夜空中最亮的星，引领我们穿越黑暗，走向光明。这个目标可以是短期的，能帮助我们解决眼前的问题，也可以是长期的，激励我们不断前行，实现更大的梦想。

明确目标的过程，实际上是一场深刻的自我审视与精准定位的人生旅程。它能引领我们深入理解自我，明确方向，为前行之路奠定坚实的基础。我们需要问自己："我想要什么？""我为什么想要它？""我如何才能得到它？"通过这些问题，我们可以更加清晰地认识到自己的需求与动机，从而制订出更加切实可行的行动计划。在这个过程中，自我激励的作用不可忽视。它让我们在迷茫与困惑中保持清醒，在犹豫与退缩时坚定信念，不断推动我们向前迈进。

目标既定，紧随其后的便是精心策划详尽的行动蓝图，确保每一步都稳健有力，引领我们逐步接近梦想的彼岸。这个计划需要具体、可行、有步骤，并且要根据实际情况进行灵活调整。它就像一张地图，帮助我们规划出从起点到终点的最佳路径，减少走弯路的可能性。在制订行动计划时，我们需周全考量，包括但不限于时间约束、资源调配及能力匹配等多方面因素，以确保计划的切实可行与高效执行。同时，我们也要保持开放的心态，愿意接受新的想法和建议，不断完善和优化计划。在这个过程中，自我激励同样发挥着重要作用。它让我们在面对困难和挑战时保持冷静与理智，不断寻找解决问题的方法和途径，也让我们在取得进展和成果时保持谦逊与自省。持续总结经验教训，是构建成功基石的必经之路。每一次回顾与提炼，都能让我们的步伐更加稳健，从而为未来的辉煌奠定坚实基础。

计划再好，如果不付诸实践也只是空谈。因此，在逆境中行动起来的关键在于勇于尝试和敢于突破。这意味着我们要敢于走出舒适区，去挑战那些看似不可能完成的任务，也意味着我们要敢于面对失败和挫折，并从中汲取宝贵的经验与教训，不断磨砺自我，不断提升自己的能力与素养，以更加饱满的热情和更加精湛的技能，迎接未来的挑战。

勇于尝试并不是盲目地冒险或冲动行事，而是基于充分准备和深思熟虑的决策。在尝试之前，我们需要全面评估潜在风险与困难，确保我们有足够的准备和应对策略；在尝试过程中，我们需要保持敏锐的洞察力和判断力，及时调整策略和方法；在尝试之后，我们需要对结果进行客观的评价和总结，以便更好地指导未来的行动。在探索与突破的征途中，自我激励犹如不竭动力，激励我们勇往直前，跨越重重难关。它让我们在面对未知和不确定时保持信心和勇气，也让我们在遭遇失败和挫折时保持坚韧和毅力，不断寻找新的机会和可能。

逆境中的成功往往不是一蹴而就的，它需要我们付出持续的努力和不懈的坚持。在这个过程中，我们可能会遇到各种各样的困难和挑战，甚至有时会令我们精疲力竭，萌生退意。然而，正是这些艰难时刻的坚持与努力，才铸就了我们最终的辉煌与成功。坚持不懈并不意味着盲目地坚持错误的方向或方法，而是指在正确的道路上持续前进、不断修正和完善自己。

在跨越逆境的桥梁上，自我激励不仅是一种手段和方法，更是一种态度和习惯。它需要我们时刻保持积极向上的心态和乐观向前的精神风貌。只有这样，我们才能在逆境中保持冷静与理智、坚定与自信，在挑战中不断成长和突破、实现自我价值的最大化。

自我激励之路，离不开持续的自我审视与评估。通过深刻反思，我们能够洞察自我，明确方向，从而激发内在的潜能，不断前行。我们需要经常问自己："我是否还保持着对目标的热情和追求？""我是否还在努力提升自己的能力和水平？""我是否还在积极寻找新的机会和可能？"通过这些问题，我们可以及时发现自己的不足和缺陷，并采取有效措施加以改进和完善，实现自我超越。另外，我们还需要学会从他人身上汲取正能量和激励力量。我们可以关注那些成功跨越逆境的榜样和典范，学习他们的经验和方法，也可以与志同道合的朋友和伙伴相互鼓励和支持，共同面对挑战和困难。这些正能量和激励力量会让我们在逆境中更加坚强和勇敢，更加自信和乐观。

在逆境中锤炼自己的韧性

人生如同一条蜿蜒曲折的河流，时而平静安详，时而波涛汹涌。逆境，便是那河流中的激流与险滩，它考验着我们的意志，也磨炼着我们的韧性。正如钢铁须经千锤百炼方能成器，人在逆境中的磨砺与挣扎也是成长道路上不可或缺的环节。当我们勇敢地面对挑战，不屈不挠地跨越重重障碍时，那份在逆境中锤炼出的韧性，便成为我们最宝贵的财富。它不仅让我们在风雨中屹立不倒，更让我们在未来的道路上，无论遇到何种困难与挑战，都能以更加坚韧的姿态，迎接每一个黎明的到来。

逆境为炉，锻造坚韧之心

“逆境”，这个听起来就让人心生畏惧的词语，实则蕴含着无尽的机遇与价值。它如同一位严苛的工匠，将我们视为未经雕琢的璞玉，置于熊熊燃烧的熔炉之中，进行着一场场灵魂的磨炼。在这熔炉里，我们不仅要面对外在的困难与挑战，更要直面内心的恐惧与不安。不过正是这样的环境，才能激发出我们内心深处的力量，让我们的心灵经历一场彻底的洗礼与重生。

想象一下，当一块普通的铁矿石被投入炉火中，它首先会经历剧烈的灼烧与熔化，痛苦而艰难。然而，正是这样的过程，去除了铁矿石中的杂质与缺陷，使其逐渐变得纯净而坚韧。同样地，我们在逆境中的每一次挣扎与奋斗，都是在去除自己内心的浮躁与软弱，让我们的心灵变得更加坚强与成熟。

逆境之所以被称为“熔炉”，是因为它不断地向我们抛出各种考验与挑战。这些考验可能来自生活的压力、工作的挫折、人际关系的困扰，甚至是自我认知的迷茫。它们像是一座座高山，横亘在我们前进的道路上，让我们感到难以逾越。在考验与挑战面前，我们或许会感到无助与绝望，但正是在这样的时刻，我们才会更加深刻地认识到自己的不足与弱点。于是，我们开始学会反思与自省，寻找解决问题的方法与途径。每一次的尝试与努力，都是对自我极限的一次挑战，是成长路上不可或缺的磨砺与突破。当我们终于跨越了这些障碍，站在更高的山峰上时，我们会发现自己已经变得比以往更加坚韧与强大。

逆境不仅是对我们外在能力的考验，更是对我们内心世界的重塑与升华。在逆境中，我们或许会经历无数次的跌倒与爬起，但正是这样的过程，让我们的内心逐渐变得坚韧不拔。我们开始学会在困境中寻找希望，在绝望中坚持信念。我们不再畏惧失败与挫折，因为我们已经深知，每一次的失败都是通往成功的必经之路。当我们回望来时路时，会惊讶地发现，那个曾经脆弱不堪的自己已经悄然蜕变，我们将变得更加自信与从容，面对生活的风雨也能够泰然处之。

坚韧之心的力量是无穷的，它不仅能够帮助我们战胜眼前的困境与挑战，更能够引领我们走向更加辉煌的未来。因为我们深知，只有经历过逆境锤炼与洗礼的人，才能拥有真正的力量与智慧，去创造属于自己的美好人生。

持续磨砺，韧性铸就辉煌

保罗·高更，这位后印象派的杰出代表，其艺术生涯充满了对未知世界的探索与对自我表达的极致追求。然而，这条道路并非坦途，保罗·高更在追求艺术真谛的过程中，遭遇了来自社会、经济乃至精神上的重重逆境。他的画作在初期并未得到广泛的认可，经济上的拮据使他不得不放弃律师的职业，全身心地投入艺术创作中。这种背水一战的决心，正是逆境给予他的最初磨炼。

面对外界的质疑与生活的艰辛，保罗·高更选择了坚持。他毅然远离尘嚣，踏入塔希提岛等偏远之地，只为探寻心灵深处那份最纯粹的灵感之源。在这片未被现代文明触及的土地上，保罗·高更经历了前所未有的孤独与自由。他将自己完全沉浸在自然与原始文化的怀抱中，用画笔记录下那些触动心灵的瞬间。这一过程，无疑是对他意志与韧性的极大考验。保罗·高更在逆境中持续磨砺自己，不断挑战艺术的边界，他的画作也因此而变得更加深邃、独特。

保罗·高更的《我们从哪里来？我们是谁？我们到哪里去？》不仅是其艺术生涯中的巅峰之作，也是对他逆境中坚韧不拔精神的最好诠释。这幅作品以深沉的色调和富有象征意义的构图，展现了人类对于生命、存在与终极意义的深刻思考。画中的两位女性形象，一位代表着过去与传统，另一位则象征着未来与希望。保罗·高更通过这幅画，表达了自己对于生命起源、身份认同以及归宿问题的追问与探索。这幅作品不仅是他艺术才华的集中展现，更是他在逆境中坚持不懈、勇于探索的真实写照。

尽管保罗·高更的艺术生涯充满了坎坷与挑战，但他从未放弃对艺术的追求与探索。正是这份在逆境中锤炼出的坚韧品质，让他能够在艺术的道路上越走越远，最终成为后印象派的重要代表人物之一。他的画作，不仅启迪了后世无数艺术家，更在人类文化史上留下了浓墨重彩的一笔。保罗·高更的故事告诉我们，逆境并不可怕，只要我们能够保持坚韧不拔的精神，勇于面对挑战与困难，就一定能够在磨砺中不断成长、不断进步，最终迎来属于自己的辉煌时刻。

总之，“在逆境中锤炼自己的韧性”不仅是一种生活的态度，更是一种生命的智慧。让我们以保罗·高更为榜样，勇敢地面对生活中的每一个逆境与挑战吧！

不断摔倒却始终能站起来

有一只生活在广袤森林中的小蚂蚁，每天都和同伴们外出觅食，为蚁群带回食物。某天，它不慎掉入深洞，但它并未气馁，而是凭借敏锐的触感和生存的渴望，一步一步往上爬。尽管途中遭遇重重挑战，但它始终坚定信念。终于，当晨曦初现，第一缕阳光穿透洞口，它拼尽全力，爬出深渊，重新回到了蚁群的怀抱。在追求梦想的路上，我们或许也会像这只小蚂蚁一样，遭遇重重困难，屡屡摔倒，但正是这份不屈不挠的坚持，让我们能够把难走的路走得更稳、更远。

挫折为梯，勇于试错

在心理学领域，挫折被视为个体成长过程中不可或缺的组成部分。根据爱利克·埃里克森的心理社会发展理论，个体在发展的每个阶段都会面临特定的危机与挑战，这些挑战正是促进自我认知与人格成熟的关键。挫折，作为这些挑战的具体表现形式，不仅考验着我们的意志与毅力，更在无形中塑造着我们的性格与价值观。

谈及此，不得不深入探索美国杰出数学家约翰·纳什的非凡人生轨迹，特别是他在银幕之外的学术征途，那些鲜为人知的挫折与不懈坚持。尽管电影《美丽心灵》以艺术化的手法广泛传播了他的故事，但在这里，我们的视角则聚焦于其学术生涯的深邃海洋，那里波澜壮阔，充满挑战与突破。约翰·纳什，在博弈论的浩瀚星空中，无疑是最耀眼的星辰之一。他提出的纳什均衡理论，不仅是对这一领域理论框架的革新，更是为经济学、政治学乃至社会科学的多个分支注入了新的活力与思考维度。这一成就，不仅让他享誉全球，更是赢得了诺贝尔经济学奖的崇高荣誉，成为对他深邃智慧与不懈努力的最高肯定。

然而，这荣耀的背后，是他与精神分裂症长达数十年的斗争。在疾病最严重的时期，约翰·纳什几乎被学术界边缘化，甚至失去了在普林斯顿大学的教学职位。然而，正是这些挫折，激发了他内心深处的坚韧与不屈。他没有放弃，而是选择持续深耕学术，同时与病魔展开顽强的斗争。在这场身心的双重挑战中，他不仅逐渐战胜了疾病的束缚，更在博弈论的殿堂里获得了举世瞩目的辉煌成就。这份坚持与胜利，不仅是对个人意志力的颂歌，也是科学探索精神的光辉典范。

约翰·纳什的故事告诉我们，挫折不仅是成长的催化剂，更是隐形的导师，它教会我们如何在逆境中寻找光明，在绝望中播种希望。

成功的种子往往深埋于失败的土壤之中，失败与成功之间不可分割、相互依存。在科学研究、艺术创作乃至商业领域，无数案例证明了这一点。失败并非终点，而是通往成功的必经之路，关键在于我们如何对待失败，如何从失败中汲取教训，并将其转化为前进的动力。

詹姆斯·沃森与弗朗西斯·克里克，这两位科学家因共同揭开DNA双螺旋结构的奥秘而举世闻名。但他们的研究之路并非一帆风顺。在提出DNA双螺旋结构之前，他们经历了无数次的实验失败和理论重构。然而，他们并没有因此气馁，反而将每一次失败视为向成功迈进了一步。他们不断尝试新的方法，勇于挑战传统观念，最终取得了划时代的成就。

詹姆斯·沃森与弗朗西斯·克里克的故事启示我们，面对失败时，重要的是保持一颗开放和好奇的心，勇于试错，不断探索未知领域。

在快速变化的现代社会中，勇于试错已成为衡量个人与组织创新能力的重要标准。试错并不意味着盲目行动或不计后果地冒险，而是一种积极主动、勇于探索未知的态度。它要求我们在面对不确定性时保持冷静与理性，同时敢于迈出第一步，勇于承担可能的失败与后果。

在这方面，硅谷的创业文化为我们提供了丰富的案例。硅谷作为全球科技创新的领军之地，其卓越地位很大程度上根植于一种独特的文化土壤：积极倡导试错精神，并对失败持有高度宽容的态度。许多伟大的公司和产品都诞生于这里，如苹果、谷歌、

Facebook（脸书）等。这些公司的创始人和团队在创业初期都经历了无数次的失败与挫折，但他们没有放弃，而是坚持自己的信念和梦想，不断尝试新的想法和模式。正是这种不畏失败、勇于尝试的精神，最终助力他们取得了辉煌的成就。

对普通人而言，勇于尝试并接受可能的错误同样至关重要。无论是在职场上还是生活中，我们都会遇到各种挑战和困难。面对这些挑战，我们不应该害怕失败或逃避问题，而应该积极寻找解决方案并勇于尝试。即使失败了也不要紧，因为每一次的尝试都会为我们积累宝贵的经验和教训，让我们在下一次尝试时更加成熟和稳健。

坚韧之心，屡败屡战

古希腊哲学家苏格拉底曾言："未经审视的生活不值得过。"这句话不仅是对生活态度的深刻反思，也隐含了对坚韧精神的颂扬。在苏格拉底的一生中，他不断遭受质疑与迫害，却始终坚守自己的信念，用智慧与勇气照亮了真理的道路。这种在逆境中不屈不挠的精神，正是坚韧不拔的典范。

心理学中，韧性指个体在压力、逆境中快速复原、适应乃至成长的能力。它不仅仅是简单的"抗挫"或"忍耐"，而是一种深层次的心理机制，使个体能够在逆境中保持冷静与坚定，持续追求目标。坚韧不拔的品质，正是这种心理机制的集中体现，它帮助我们在面对无数次跌倒时，依然能够鼓起勇气，重新站起。

科学家罗斯·阿什比是控制论领域的先驱之一，其研究生涯就充满了挑战与失败。在那个计算机尚未普及的时代，他独自一人探索着机器智能与自我调节系统的奥秘。他的理论在当时被视为异端，多次遭到学术界的冷遇与批判。然而，罗斯·阿什比并没有因此放弃，他坚信自己的研究方向具有重大意义。面对资金短缺、设备简陋、舆论压力等重重困难，罗斯·阿什比始终保持着对科学的热爱与追求。经过无数次的实验与失败，罗斯·阿什比终于提出了著名的“阿什比定律”，为控制论的发展奠定了重要基础。

罗斯·阿什比的故事告诉我们，即使在最不被看好的领域，坚韧不拔的精神也能绽放出耀眼的光芒。

在逆境中保持坚韧不拔，不仅需要外在的支持与鼓励，更需要内在的自我激励与心理调适。这是一门需要长期修炼的艺术，它教会我们如何在低谷期调整心态，重新找回前进的动力。

首先，自我激励是坚韧之心的源泉。我们要学会从内心深处挖掘力量，用积极的自我对话来激励自己。当遭遇失败或挫折时，不妨问问自己：“这次失败真的意味着我无能吗？”或者“我能否从这次经历中学到些什么？”通过这样的自我反思，我们可以将失败转化为成长的契机，激发内心的潜能。

其次，心理调适是保持坚韧之心的关键。在逆境中，我们难免会感到沮丧、焦虑，甚至绝望。在此情境下，我们应掌握并应用心理调适技巧，来有效缓解情绪波动，重新树立信心。比如，通过冥想、深呼吸等放松训练来缓解紧张情绪，通过运动、阅读等方式来转移注意力、丰富精神世界，或者通过与他人交流、分享经历来获得情感支持与社会认同。

最后，我们还需要学会接受并拥抱不确定性。在人生的征途上，没有谁能免遭波折。面对未知与挑战时，我们要保持一颗开放和勇敢的心，敢于尝试新事物、接受新观念。只有这样，我们才能在不断变化的世界中保持坚韧不拔的精神状态，不断前行。

坚韧之心是我们在人生中的宝贵财富，它让我们在无数次跌倒后依然能够重新站起，继续追寻心中的梦想。记住：只要心中有光，脚下就有路；只要持之以恒，远方终将不再遥远。

第十章

遇见更好的自己，拥抱更大的世界

在探索自我与世界的征途中，我们不可避免地会遇到那些看似难走的路。但正是这些路，铺就了通往更好的自己的桥梁。在本章中，我们将一起“遇见更好的自己，拥抱更大的世界”。每一次挑战都是成长的契机，每一次跨越都让我们离梦想更近一步。让我们携手，勇敢前行，在不懈追求中遇见更加优秀的自己，共同拥抱那个无限可能的广阔世界。

纵有疾风起，人生不言弃

在遥远的山谷中，有一棵古老的松树，它屹立于峭壁之上，四季更迭，风雨无阻。有一年，山谷遭遇了前所未有的狂风侵袭，树木纷纷低头，枝叶散落一地，唯有那棵古松，虽被疾风吹得弯腰几近折断，却始终未曾言弃。每当风暴稍歇，它便缓缓挺直腰杆，继续坚守在自己的位置上。

这个小故事，如同一面镜子，映照出我们在人生旅途中可能会遇到的种种挑战与困境。正如故事中的那棵古松，在逆境中展现出了不屈不挠的精神，我们也应在面对生活的疾风时，保持坚韧与执着，勇敢地继续前行。

逆境砥砺志，坚韧铸辉煌

在中国悠久的历史长河中，有这样一位人物，他以非凡的坚韧与不屈，在逆境中砥砺前行，最终铸就了属于自己的辉煌篇章。这个人就是越王勾践，春秋时与吴国争锋，不幸落败，沦为吴奴三载，历尽辛酸与耻辱。然而，正是这段艰难岁月，如同狂风骤雨般洗礼了他的心灵。勾践在吴国为奴的日子里，没有沉沦于绝望，反而将这份屈辱化作前进的动力。他卧薪尝胆，日夜不忘亡国之痛，矢志复国，以柴草为榻，苦胆为餐。这种超乎常人的坚韧与毅力，让他在逆境中不断成长，心智越发坚定。

谈及坚韧与不屈，中国古代诗词中不乏佳作。宋代诗人苏轼在《定风波》中写道："莫听穿林打叶声，何妨吟啸且徐行。竹杖芒鞋轻胜马，谁怕？一蓑烟雨任平生。"这不仅仅是对自然风雨的淡然处之，更是对人生逆境中保持乐观与坚韧态度的深刻表达。苏轼一生仕途坎坷，多次被贬，但他总能以豁达的心态面对，将逆境视为磨砺心性的机会，这种精神与勾践的坚韧如出一辙。

再如唐代诗人李白，在《行路难》中吟唱："长风破浪会有时，直挂云帆济沧海。"这句诗充满了对未来的无限憧憬与坚定信念，即使前路漫漫，困难重重，也要勇往直前，相信总有一天能够乘风破浪，到达理想的彼岸。这种不屈不挠的精神，正是我们在面对人生疾风暴雨时应有的态度。

回到勾践的故事，他最终凭借坚韧不拔的意志和深思熟虑的策略，成功复国，并一雪前耻。这一过程中，他不仅实现了个人命运的逆转，更在逆境中完成了自我超越与蜕变。他学会了隐忍、坚韧与智慧，这些品质成了他人生中最宝贵的财富。

同样，我们每个人在人生的旅途中，也会遇到各种各样的挑战与困境。这些逆境看似是阻碍我们前进的绊脚石，实则却是磨砺我们意志、提升我们能力的磨刀石。正如那句老话所说："宝剑锋从磨砺出，梅花香自苦寒来。"只有在逆境中不断砥砺自己，我们才能遇见更好的自己，拥抱更加广阔的世界。

因此，让我们铭记这份坚韧与不屈，无论前路多么坎坷，都要保持一颗勇往直前的心。因为只有这样，我们才能在逆境中不断成长，最终铸就属于自己的辉煌篇章。

风起时自强，不弃终见光

在中国浩瀚的俗语海洋中，“船到桥头自然直”这句老话，如同一盏明灯，照亮了我们在人生风浪中前行的道路。它以一种朴素而深刻的智慧告诉我们，无论遭遇多大的困难和挑战，只要我们不放弃，坚定步伐，持续探索，最终能找到解决问题的方法，迎来柳暗花明的那一刻。

当生活的疾风骤雨不期而至时，我们往往会感到迷茫和无助。但请记住，正是这些挑战和困难，铸就了我们坚韧不拔的品格，让我们在逆境中学会自强。自强，不仅仅是一种外在的行为表现，更是一种内在的精神力量，它让我们在风雨中挺直腰板，用坚定的步伐继续前行。想象一下，我们正站在一片广袤无垠的草原上，突然之间，狂风四起，乌云密布。面对这突如其来的风暴，我们是选择蹲下身子躲避风雨的侵袭，还是勇敢地站起来与风暴抗争？显然，后者才是我们应有的态度。因为，只有当我们选择自强，才能在风雨中站稳脚跟，看到风雨过后的彩虹。

逆境是成长的催化剂。逆境，就像是一块磨刀石，虽然过程痛苦，却能让我们变得更加锋利。在逆境中，我们会遇到前所未有的挑战和困难，这些都会成为我们成长的催化剂。它们会激发我们的潜能，让我们学会独立思考、勇于担当。正如一棵小树苗，在风雨的洗礼下，才能茁壮成长，最终成为参天大树。历史上无数伟人的成长经历告诉我们，逆境并不可怕，只要我们能够勇敢面对，就能在其中找到成长的契机。

坚持是成功的基石。“不积跬步，无以至千里；不积小流，无以成江海。”这句话告诉我们，成功并非一蹴而就，而是需要长期的坚持和努力。以学习为例，无论是学习一门新技能还是掌握一门新知识，都需要我们付出大量的时间和精力去学习和实践。在这个过程中，我们可能会遇到很多困难和挫折，但只要我们能够坚持下去，不断地积累经验和提升能力，就一定能够取得优异的成绩。在职场上也是如此，只有那些能够坚持不懈地努力工作、不断提升自己能力的人，才能在职场上脱颖而出，取得更大的成功。

拥抱变化，创造无限可能。在这个日新月异的时代里，变化是永恒的主题。只有那些敢于拥抱变化、适应变化的人，才能在时代的浪潮中立于不败之地。因为变化往往孕育着新的机遇和挑战，只有敢于尝试、敢于创新的人，才能抓住这些机遇，创造出属于自己的无限可能。以互联网行业为例，这个行业的发展速度之快、变化之大是众所周知的。在互联网行业中，新技术、新模式、新应用层出不穷，每天都有新的景象涌现，引领行业潮流。只有那些敢于尝试新技术、新模式、新应用的企业和个人，才能在激烈的市场竞争中脱颖而出。比如，那些敢于尝试直播带货、短视频营销等新兴营销方式的企业和个人，就成功地抓住了市场的机遇，实现了自身业绩的快速增长。

故而，在面对逆境时我们要选择自强，在追求成功时我们要坚持不懈，在拥抱变化时我们要勇于创新。只有这样，我们才能在人生的道路上不断前行，遇见更好的自己，拥抱更大的世界。

勇敢前行，站在山顶看风景

在伊索寓言中，有这样一个故事：一只蜗牛，梦想着能登上最高的山峰，见识那从未有人目睹的壮丽景色。周围的昆虫纷纷嘲笑它的不自量力，认为那不过是痴人说梦。然而，蜗牛不为所动，它日复一日，背着沉重的壳，缓慢而坚定地向上攀爬。岁月流转，当春风再次拂过山谷，那只曾经被嘲笑的蜗牛，已经悄然站在了山巅。它的眼前，是云海翻腾的浩瀚，是群山俯首的壮观，是那些只敢在谷底仰望之辈永远无法想象的风景。

这则寓言告诉我们，勇敢前行，不畏艰难，即使步伐微小，也能抵达他人无法企及的高度。正是这股不屈不挠的力量，引领我们遇见更好的自己，拥抱更加辽阔的世界。

跨越荆棘，步步生莲

在人生的浩瀚征途中，每个人都是自己命运的舵手，驾驭着生命之舟，穿越波涛汹涌的海洋，向着那未知的彼岸航行。

提及德国存在主义哲学家马丁·海德格尔，人们往往首先想到的是他对“存在”的深刻剖析与独特理解。然而，在他的哲学体系中，除了对存在本质的追问外，还蕴含着一种对生命超越性的深刻洞察。海德格尔认为，人并非简单地“存在”于世界之中，而是通过不断的“去存在”，即不断地选择、行动、创造，来实现自我超越。这种超越，并非止于对外界的征服，更在于内心世界的深刻觉醒与自我重塑，实现灵魂的升华。

在《存在与时间》一书中，马丁·海德格尔提出了“此在”（Dasein）的概念，强调了人作为存在者的特殊之处——其“能在”（Seinknnen）的能力，展现了人类不断超越、自我实现的可能性。这种“能在”，使人在面对困境与挑战时，能够选择自己的行动方式，从而决定自己的存在状态。正是这种“能在”的力量，让我们在跨越荆棘的过程中，能够步步生莲，展现出生命的顽强与美丽。

将马丁·海德格尔的哲学思想融入现实生活，我们可以发现，每个人在追求梦想与目标的道路上，都不可避免地会遇到各种荆棘与挑战。这些荆棘与挑战，可能是外界的困难与压力，也可能是内心的恐惧与挣扎。然而，正是这些看似不可逾越的障碍，构成了我们生命成长的试验场。

马丁·海德格尔提醒我们，面对困境时，不应逃避或屈服，而应勇敢地承担起自己的责任，积极地寻求解决之道。他强调，只有通过不断的努力与奋斗，我们才能真正地理解自己的存在，实现生命的超越。在这个过程中，每一次跨越荆棘的尝试，都是对自我能力的一次肯定；每一次从失败中站起，都是对生命韧性的一次锤炼。

如果说跨越荆棘是生命成长的必经之路，那么“步步生莲”则是在这一过程中展现出的生命之美。这里的“步步生莲”，并非指物理上的莲花盛开，而是象征着在困境中依然能够保持优雅、坚韧与希望的心态。

马丁·海德格尔曾言：“语言是存在的家。”虽然这句话并非直接讨论生命之美，但它启示我们，在面对困境时，如何以恰当的方式表达自我、理解世界，是展现生命之美的关键。同样地，在跨越荆棘的旅途中，我们的言行举止和情绪态度，都将成为我们生命之美的体现。

在困境中绽放的美丽，不仅是外在的优雅与从容，更是内在的坚定与希望。它体现在我们面对挑战时的无畏与坚持，体现在我们面对失败时的坦然与反思。这种美丽，让我们的生命之舟在波涛汹涌中依然能够稳健前行，让我们的心灵在荆棘丛中依然能够保持纯净与明亮。

从逻辑的角度来看，荆棘之路与步步生莲之间存在着深刻的内在联系。

首先，荆棘之路作为生命成长的试验场，为我们提供了锻炼意志、提升能力的机会。在人生的旅途中，每一次的挑战都是一次难得的历练。只有经历过风雨的洗礼，才能塑造出坚韧不拔的品格；只有穿越过荆棘密布的小径，方能显现出生命的绚丽与壮美。每一场挑战，无论大小，都在悄然间为个人的成长添上浓墨重彩的一笔，让生命绽放出独一无二的光彩。

其次，步步生莲作为在困境中展现出的生命之美，是荆棘之路的必然结果。在跨越荆棘的过程中，我们不断地挑战自我、超越自我，从而实现了生命的升华与蜕变。这种升华与蜕变，不仅让我们的内心世界变得更加丰富与深刻，也让我们的外在表现更加优雅与从容。

最后，荆棘之路与步步生莲的相互作用，构成了我们人生旅途中一道独特的风景线。它们赋予我们在痛楚中坚韧、在困境中成长、在绝望中寻得希望的智慧与能力。正是这些经历与感悟，让我们变得更加成熟、更加坚强、更加自信。当我们最终站在山顶回望来时路时，会恍然发现那些曾经的荆棘与坎坷都已化作脚下坚实的基石，支撑着我们走向更加辉煌的未来。

因此，“跨越荆棘，步步生莲”不仅是对人生旅途的一种形象描述，更是对生命超越性的一种深刻诠释。

巅峰视野，心怀壮阔

“愚公移山”的故事家喻户晓，虽简短却寓意深远。愚公矢志不移，誓要移除家门前的双峰，面对智叟的讥讽，他以“子嗣绵延不绝，而山峦不增，何愁不除？”的坚定信念回应，最终感动了天帝，实现了移山壮举。这个故事不仅是对坚持不懈精神的颂扬，更是对巅峰视野的生动诠释。

在愚公的眼中，那两座看似不可逾越的大山，并非终点，而是通往更广阔世界的起点。他心怀壮阔，不为眼前之困所限，敢于梦想，勇于行动。正是这种巅峰视野，让他能够超越常人的认知局限，看到更远的未来，实现看似不可能的目标。

“欲穷千里目，更上一层楼。”站在巅峰之上，人的视野得到了前所未有的拓展。当我们身处困境或局限于某一领域时，往往难以看到全局，更无法预见未来的变化。一旦我们勇敢前行，攀上人生的高峰，便能以更加广阔的视角审视周围的一切，发现新的机遇与挑战。这种超越自我、突破局限的视野，是我们在追求梦想过程中不可或缺的力量源泉。

“会当凌绝顶，一览众山小。”站在巅峰之上，人的心胸也会变得异常开阔。面对群山之巅的壮丽景色，所有的烦恼与忧愁似乎都烟消云散了。此时，我们更能够感受到生命的伟大与宇宙的浩瀚，从而激发出更加崇高的理想与追求。心怀壮阔，意味着我们不再满足于现状，而是敢于设定更高的目标，勇于追求更远的梦想。这种积极向上的心态，将引领我们不断向前，攀登一个又一个的人生高峰。

“风物长宜放眼量。”站在巅峰之上，我们不仅能够看到眼前的风景，更能洞察未来的趋势与走向。历史的车轮滚滚向前，唯有那些能够准确把握时代脉搏、预见未来趋势的人，才能屹立于时代的浪尖，成为引领潮流的舵手。因此，我们需要培养一种敏锐的洞察力与判断力，善于从纷繁复杂的信息中筛选出有价值的内容，为自己的决策提供有力的支持。同时，我们还需要秉持一种开放包容的心态，勇于拥抱变化，积极接纳新兴事物与前沿思想。这种态度促使我们不断跨越既定的知识界限，深化对世界的理解，拓宽视野的广度与深度。这样，我们才能在未来的道路上走得更远、更稳。

《庄子·逍遥游》中云:“北冥有鱼，其名为鲲。鲲之大，不知其几千里也；化而为鸟，其名为鹏。鹏之背，不知其几千里也；怒而飞，其翼若垂天之云。是鸟也，海运则将徙于南冥。南冥者，天池也。”这段文字以鲲鹏之喻，形象地描绘了超越自我、追求无限境界的壮丽图景。鲲鹏之所以能够翱翔于九天之上，正是因为它拥有了超越常人的视野与胸怀。同样地，当我们站在人生的巅峰之上时，也应像鲲鹏一样心怀壮阔、志在千里，勇敢地追求自己的梦想与目标。

让我们以愚公移山的坚定信念为动力，以登高望远的广阔视野为指引，以心怀壮阔的崇高理想为目标，勇敢地前行在人生的道路上，不断攀登新的高峰，领略那更加壮丽的风景！

路虽难走，坚持下去就是万里坦途

在人生的广阔画卷中，我们时常会遭遇那些看似难以逾越的沟壑与峻岭，它们横亘于我们前行的路上。这不仅仅是一场对身体极限的严峻挑战，更是一次对心灵深处那份坚持与信念的磨砺。每当这时，我们或许会犹豫，会彷徨，甚至想要退缩。但请记得，正是这些艰难与挑战，铸就了通往成功与辉煌的必经之路。

“路难走”，像是一位严苛的导师，用其独特的方式，教会我们坚韧与不屈，让我们在挫折中成长，于困境中崛起。“坚持下去”，则是我们给予自己最坚定的回答，是对未来无限可能的期许与追求。因为，在这条充满挑战的道路上，只要我们能够咬紧牙关，勇往直前，终将迎来那片属于我们的“万里坦途”。

崎岖之路，挑战与艰辛并存

相传，在古希腊边境，隐藏着一处名为“厄洛斯之谷”的神秘地域，那里群山环抱，云雾缭绕，是凡人难以企及的禁地。然而，为了拯救被恶龙囚禁的亲人，安菲阿剌俄斯毅然踏上了这条布满荆棘与未知的征途。他的路，是一条名副其实的崎岖之路，每一步都伴随着自然的怒吼与生命的考验。山石嶙峋，峭壁如削，更有猛兽潜伏，风雨交加，仿佛大自然本身也在阻挠这位英雄的前行。

在这个过程中，安菲阿刺俄斯不仅要面对外界的艰难险阻，更要克服内心的恐惧与绝望。每一次跌倒，都是对意志的磨砺；每一次站起，都是对信念的坚守。他学会了从自然中寻找力量，从星辰中汲取勇气，将每一次挑战视为通往胜利的必经之路。

当我们从古老的神话故事中抽身而出，不难发现，安菲阿刺俄斯的征途其实是对人类共同经历的一种深刻隐喻。在现实生活中，每个人的生命之旅都布满了崎岖与挑战，正如那条通往厄洛斯之谷的险峻之路。无论是职场的坎坷、学业的压力，还是人际关系的纠葛、个人成长的困惑，无一不是对我们意志与勇气的考验。在当今这个快节奏、高压力的时代，我们或许更容易感受到“路难走”的艰辛。不过正如安菲阿刺俄斯所展现的那样，正是这些挑战与艰辛，构成了我们生命中不可或缺的一部分，它们促使我们成长，让我们在逆境中学会坚持与自我超越。

挑战，是生命之树常青的养分。它迫使我们走出舒适区，去探索未知，去拓展自我边界。正如古希腊著名哲学家苏格拉底所言:“未经审视的生活不值得过。”面对挑战，我们不得不审视自己的内心，发现那些平时难以察觉的力量与潜能。正是这些挑战，让我们学会了坚持与忍耐，也让我们的生命之树更加枝繁叶茂。艰辛，则是通往成功的必经之路。它教会我们珍惜，让我们明白每一份收获都来之不易。在艰辛中，我们学会了感恩，学会了在逆境中寻找希望的光芒。

现代社会中，无论是科技创新的前沿探索，还是平凡岗位的默默奉献，都充满了崎岖与挑战。科研工作者在无数次失败中寻找突破，企业家在市场竞争中摸爬滚打，普通人在生活的重压下依然努力前行。他们或许没有安菲阿剌俄斯那样的传奇色彩，但那份坚持与不屈的精神，却同样闪耀着人性的光辉。

回望安菲阿剌俄斯的征途，我们不禁感慨万分。那条崎岖之路，不仅是对英雄的考验，更是对每个普通人生命意义的深刻揭示。在平凡岁月里，我们每个人都是自己的英雄，都在用自己的方式书写着属于自己的传奇。

坚持为舵，驶向万里坦途

在人生中，我们时常会遭遇那些看似无法逾越的障碍，那些蜿蜒曲折、布满荆棘的道路。然而，正如经典电影《肖申克的救赎》所深刻展现的，正是坚持的力量，让我们得以在绝望中寻得希望，在黑暗中看见光明。

设想自己步入《肖申克的救赎》那幽暗阴森的肖申克囚牢，周遭环绕着冰冷的钢铁栅栏与巍峨的壁垒，每一口呼吸都满载着沉重与绝望的气息，四周弥漫的压抑感，仿佛能吞噬一切希望之光。主角安迪·杜佛兰，一个被冤枉的银行家，却在这片绝望之地，用他那不灭的坚持之光，照亮了自己与他人的心灵。这部电影，不仅是一部关于监狱生活的深刻描绘，更是一曲对坚持与自由的颂歌，它以其独特的魅力，触动了无数观众的心弦。

在暗无天日的肖申克监狱里，安迪面对的是无尽的刑期、冷酷的狱警和狡猾的囚犯。即便如此，他也从未放弃对自由的渴望和对正义的追求。他利用自己的智慧和才能，为监狱图书馆筹集资金、扩建规模，为囚犯们带来了知识的光芒和心灵的慰藉。安迪用自己的行动证明了，即使在最黑暗的时刻，坚持也能成为心灵深处最强大的力量源泉。

在电影中，安迪的坚持不仅仅是一种个人的努力，更是一种对他人、对未来的责任与担当。他用自己的坚持为狱友们带来了希望，让他们相信即使身处绝境，也总有出路可寻。电影中最为经典的场景之一，莫过于安迪在雨中张开双臂、拥抱自由的那一刻。经过20年的坚持与努力，他终于用一把小锤子挖通了通往自由的隧道，重获新生。这一幕不仅震撼了观众的心灵，更深刻地诠释了坚持的力量。它告诉我们，无论道路多么艰难、时间多么漫长，只要我们心怀希望、坚持不懈，终将迎来属于自己的春天。这种对自由的渴望与追求，正是电影所追求的精神内核之一。

《肖申克的救赎》之所以能够成为影史经典之作，不仅仅是因为它讲述了一个扣人心弦的故事，更是因为它深刻地触及了人类共同的情感与哲理。它让我们看到，在人生的道路上，坚持不仅是一种品质、一种精神，更是一种生活的态度与选择。它教会我们如何在逆境中保持信念、如何在绝望中寻找希望、如何在失败中汲取力量。这种深刻的哲理与情感共鸣，正是电影独有的魅力所在。

回到现实世界，我们每个人都是自己故事的主角。我们或许没有安迪那样惊心动魄的经历，但同样会面临各种各样的挑战与困境。然而，正如《肖申克的救赎》所展现的那样，只要我们心怀坚持、勇往直前，就一定能够找到属于自己的万里坦途。

“路难走，坚持下去就是万里坦途。”这句话不仅是对《肖申克的救赎》中安迪经历的精准概括，更是对我们每个人人生旅途的深刻启示。在未来的日子里，无论我们面临怎样的挑战与困境，都请铭记这份坚持的力量。让我们以安迪为榜样，以坚持为舵、信念为帆，勇敢地驶向那片属于我们的万里坦途。

人生充满未知，不要给自己设限

每一天，每一刻，其实都充满了未知与变数，它们如同隐藏的宝藏，等待着勇敢者去发掘，去探索。“人生充满未知，不要给自己设限。”这句话，是对生命最真挚的寄语，它鼓励我们拥抱不确定性，勇于挑战自我，不断突破内心的桎梏。在这个瞬息万变的世界里，设限只会让我们错过更多的风景，失去更多的可能。我们应该怀揣对未知的敬畏与好奇，以一种开放的心态，踏上这场没有终点的旅程，去追寻那些属于自己的未知与奇迹。

探索未知，拥抱无限可能

在浩瀚的宇宙中，人类的知识体系不过是沧海一粟，而未知则如同那片无垠的海洋，深邃且广阔。正是这份未知，驱动着人类不断前行和探索，追求真理与智慧。正如爱因斯坦所言：“我没有什么特别的才能，我只是热情地好奇。”好奇心，正是探索未知的最初动力，它让我们对周围的世界保持新鲜感和探索欲，促使我们不断学习、成长和进步。

历史上无数伟大的发现和发明，都源于对未知的勇敢探索。从哥伦布发现新大陆，到阿姆斯特朗踏上月球，每一次对未知的征服，都极大地推动了人类文明的进步。这些探索不仅拓宽了人类的认知边界，更激发了人类无限的创造力和想象力。因此，我们可以说，未知是生命之树常青的源泉，它赋予了我们无限的可能性和潜力。

面对未知，我们往往会感到恐惧和不安，但正是这些恐惧和不安，成为我们成长和突破的契机。我们勇敢地迈出探索的第一步，就意味着我们已经开始挑战自己的极限，超越自我。在这个过程中，我们会遇到各种困难和挑战，但正是这些困难和挑战，让我们学会了坚持和勇气，学会了在逆境中寻找希望。

探索未知，本质上是一场向内与向外的双重旅行。在揭开自然界或知识领域未知面貌的同时，我们也在逐步揭开自我认知的新篇章。在探索中，我们会逐渐发现自己的优点和不足，进而不断调整自己的方向和方法。这种自我认知的过程，能让我们更加清晰地认识到自己的潜力和价值，从而更加自信地面对未来的挑战。当我们勇敢地探索未知，不断突破自我时，我们就会发现自己的世界变得越来越宽广和深邃。那些曾经看似遥不可及的梦想和目标，也在我们的努力下逐渐变得触手可及。这时，我们就会意识到，人生并不是一成不变的，而是充满了无限的可能性和机遇。

拥抱无限可能，意味着我们要保持一种开放和包容的心态，去接纳那些与我们不同的观点和思想，也意味着我们要勇于尝试和创新，敢于挑战传统和常规，用自己的智慧和勇气去创造更加美好的未来。在前行的路上，我们或许会遭遇失败与挫折，但请铭记，失败本身并不可怕，可怕的是丢失了那份再次尝试的勇气。正是这些失败和挫折，让我们更加坚韧和成熟，更加珍惜那些来之不易的成功和成就。

总之，“探索未知，拥抱无限可能”是我们在人生旅途中不可或缺的一部分。它不仅能够激发我们的好奇心和求知欲，让我们不断学习和成长，更能够让我们突破自我限制，实现个人成长与精进，最终开启生命的无限篇章，活出属于自己的精彩人生。

超越自我，打破设限枷锁

一切超越的起点，在于深刻的自我认知。正如心理学中的“自我概念”理论所阐述的，我们如何看待自己，将直接影响我们的行为选择和潜能发挥。设限的根源往往深藏于我们的内心，是那些长期积累的负面情绪，如恐惧和自我怀疑，它们像隐形的枷锁，束缚着我们迈向成功的每一步。

为了探究这些设限背后的根源，我们需要运用心理学中的“自我反省”技巧。这意味着我们要定期停下脚步，审视自己的内心世界，识别那些阻碍自己前进的负面思维模式。通过记录日记、冥想或寻求专业心理咨询等方式，我们可以更清晰地看到自己的盲点，理解自我设限的来源，并逐渐削弱它们对我们的影响。

与此同时，我们也要认识到，设限往往源于对失败的恐惧和对未知的抗拒。心理学中的“舒适区”理论告诉我们，人们倾向于停留在熟悉和可控的环境中，以避免潜在的失败和痛苦。然而，正是这种对舒适区的依赖，让我们错失了成长和超越的机会。因此，我们需要培养对失败的容忍度和对未知的好奇心，勇敢地走出舒适区，去探索未知的世界。

认知自我并揭开设限的根源后，接下来便是挑战自我，跨越那些看似不可逾越的障碍。这需要我们具备强大的意志力和坚定的信念，去克服内心的恐惧和不安。在挑战自我的过程中，我们可以借鉴心理学中的“目标设定”理论。明确、具体且可衡量的目标能够为我们提供清晰的方向和动力。同时，将大目标分解为小步骤，并设定合理的时间表，有助于我们保持持续的行动力和专注力。每达成一个小里程碑，都是对自身潜能的一次积极确认，它标志着我们向终极愿景稳健迈进的坚实步伐。

另外，面对挑战时的心态调整也是至关重要的。心理学中的“积极心理学”强调培养乐观、自信的心态，以应对生活中的各种挑战。通过关注自己的优势、感恩生活中的美好，以及培养正念冥想等技巧，我们可以逐渐建立起积极的自我认知和情感状态，从而更好地应对挑战和困难。失败不是终点，而是成长和学习的机会。通过反思失败的原因、总结经验教训，并调整自己的策略和方法，我们可以不断提升自己的能力和智慧，为下一次的挑战做好更充分的准备。

当勇敢地挑战自我并成功跨越设限的障碍时，我们便实现了对自我的超越。这一刻，我们仿佛挣脱了束缚已久的枷锁，感受到了前所未有的自由和力量。超越自我不仅意味着我们在能力上的提升，更重要的是我们在心态和观念上的蜕变。我们学会了用更加开放和包容的心态去接纳不同的声音和观点；我们学会了用更加积极和乐观的态度去面对生活中的挑战和困难；我们学会了用更加坚韧和不屈的精神去追求自己的梦想和目标。

在超越自我的过程中，我们也逐渐发现了人生的真谛和意义。

我们会意识到人生并非一场简单的竞赛或追逐，而是一场充满探索和发现的旅程。在这个过程中，我们不断地认识自己、挑战自己、超越自己，最终实现自我价值的最大化。

总之，“超越自我，打破设限枷锁”是我们在人生旅途中不可或缺的一部分。它要求我们勇敢地认知自我，揭示设限的根源；挑战自我，跨越设限的障碍；最终超越自我，拥抱无限可能。在这个过程中，我们不仅需要运用心理学知识来指导自己的行动和心态调整，还需要保持对生活的热爱和对未知的渴望。只有这样，我们才能在人生的舞台上绽放出最耀眼的光芒，成为那个不断超越自我、追求卓越的自己。